"十四五"职业教育国家规划教材

全国餐饮职业教育教学指导委员会重点课题"基于烹饪专业人才培养目标的中高职课程体系与教材开发研究"成果系列教材
餐饮职业教育创新技能型人才培养新形态一体化系列教材

总主编 ◎ 杨铭铎

中式面点制作

主　编　闫学春　赵建红　段丽红
副主编　姜莎莎　黄凤娇　胡　婷　任　燕
参　编　（按姓氏笔画排序）
　　　　丁　红　任　燕　刘　欢　闫学春
　　　　赵建红　胡　婷　段丽红　姜莎莎
　　　　黄凤娇　隋雪超　裴启慧　魏晓彤

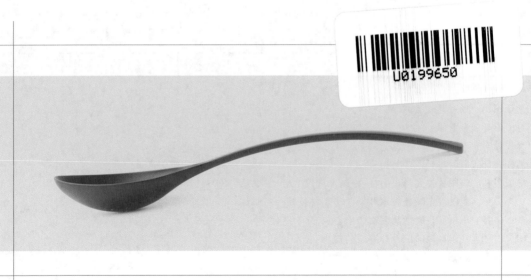

华中科技大学出版社
http://press.hust.edu.cn
中国·武汉

内 容 简 介

本教材为"十四五"职业教育国家规划教材、全国餐饮职业教育教学指导委员会重点课题"基于烹饪专业人才培养目标的中高职课程体系与教材开发研究"成果系列教材和餐饮职业教育创新技能型人才培养新形态一体化系列教材。

本教材包括中式面点概述、中式面点制作的设备与工具、面点原料知识、中式面点面团调制技艺、中式面点制馅工艺、中式面点成型工艺、中式面点成熟工艺、中式面点四大风味流派及地域特色面点代表品种、中式面点制作操作安全与卫生9个模块。

本教材适合中餐烹饪、西餐烹饪、中西面点等烹饪相关专业的学生使用,也可供相关从业人员和爱好者参考。

图书在版编目(CIP)数据

中式面点制作/闫学春,赵建红,段丽红主编.—武汉:华中科技大学出版社,2021.8(2025.1重印)
ISBN 978-7-5680-7394-3

Ⅰ.①中… Ⅱ.①闫… ②赵… ③段… Ⅲ.①面食-制作-中国-职业教育-教材 Ⅳ.①TS972.13

中国版本图书馆 CIP 数据核字(2021)第 155451 号

中式面点制作
Zhongshi Miandian Zhizuo

闫学春　赵建红　段丽红　主编

总 策 划:车　巍
策划编辑:汪飒婷
责任编辑:张　琳　汪飒婷
封面设计:廖亚萍
责任校对:李　弋
责任监印:周治超
出版发行:华中科技大学出版社(中国·武汉)　　电话:(027)81321913
　　　　　武汉市东湖新技术开发区华工科技园　　邮编:430223
录　　排:华中科技大学惠友文印中心
印　　刷:武汉科源印刷设计有限公司
开　　本:889mm×1194mm　1/16
印　　张:11.75
字　　数:346千字
版　　次:2025年1月第1版第4次印刷
定　　价:49.90元

全国餐饮职业教育教学指导委员会重点课题

"基于烹饪专业人才培养目标的中高职课程体系与教材开发研究"成果系列教材

餐饮职业教育创新技能型人才培养新形态一体化系列教材

丛 书 编 审 委 员 会

主 任

姜俊贤　全国餐饮职业教育教学指导委员会主任委员、中国烹饪协会会长

执行主任

杨铭铎　教育部职业教育专家组成员、全国餐饮职业教育教学指导委员会副主任委员、中国烹饪协会特邀副会长

副 主 任

乔　杰　全国餐饮职业教育教学指导委员会副主任委员、中国烹饪协会副会长

黄维兵　全国餐饮职业教育教学指导委员会副主任委员、中国烹饪协会副会长、四川旅游学院原党委书记

贺士榕　全国餐饮职业教育教学指导委员会副主任委员、中国烹饪协会餐饮教育委员会执行副主席、北京市劲松职业高中原校长

王新驰　全国餐饮职业教育教学指导委员会副主任委员、扬州大学旅游烹饪学院原院长

卢　一　中国烹饪协会餐饮教育委员会主席、四川旅游学院校长

张大海　全国餐饮职业教育教学指导委员会秘书长、中国烹饪协会副秘书长

郝维钢　中国烹饪协会餐饮教育委员会副主席、原天津青年职业学院党委书记

石长波　中国烹饪协会餐饮教育委员会副主席、哈尔滨商业大学旅游烹饪学院院长

于干千　中国烹饪协会餐饮教育委员会副主席、普洱学院副院长

陈　健　中国烹饪协会餐饮教育委员会副主席、顺德职业技术学院酒店与旅游管理学院院长

赵学礼　中国烹饪协会餐饮教育委员会副主席、西安商贸旅游技师学院院长

吕雪梅　中国烹饪协会餐饮教育委员会副主席、青岛烹饪职业学校校长

符向军　中国烹饪协会餐饮教育委员会副主席、海南省商业学校校长

薛计勇　中国烹饪协会餐饮教育委员会副主席、中华职业学校副校长

网络增值服务

使用说明

欢迎使用华中科技大学出版社医学资源网

1 教师使用流程

（1）登录网址：http://yixue.hustp.com （注册时请选择教师用户）

注册 〉 登录 〉 完善个人信息 〉 等待审核

（2）审核通过后，您可以在网站使用以下功能：

浏览教学资源　　　建立课程　　　　管理学生　　　布置作业　查询学生学习记录等

教师

2 学员使用流程

（建议学员在PC端完成注册、登录、完善个人信息的操作。）

（1）PC 端学员操作步骤

①登录网址：http://yixue.hustp.com（注册时请选择普通用户）

注册 〉 登录 〉 完善个人信息

②查看课程资源：（如有学习码，请在"个人中心—学习码验证"中先通过验证，再进行操作）

选择课程

首页课程 〉 课程详情页 〉 查看课程资源

（2）手机端扫码操作步骤

手机扫码 ⟶ 登录 ⟶ 查看数字资源

注册

开展餐饮教学研究　加快餐饮人才培养

　　餐饮业是第三产业重要组成部分,改革开放40多年来,随着人们生活水平的提高,作为传统服务性行业,餐饮业对刺激消费需求、推动经济增长发挥了重要作用,在扩大内需、繁荣市场、吸纳就业和提高人民生活质量等方面都做出了积极贡献。就经济贡献而言,2018年,全国餐饮收入42716亿元,首次超过4万亿元,同比增长9.5%,餐饮市场增幅高于社会消费品零售总额增幅0.5个百分点;全国餐饮收入占社会消费品零售总额的比重持续上升,由上年的10.8%增至11.2%;对社会消费品零售总额增长贡献率为20.9%,比上年大幅上涨9.6个百分点;强劲拉动社会消费品零售总额增长了1.9个百分点。全面建成小康社会的号角已经吹响,作为满足人民基本需求的饮食行业,餐饮业的发展好坏,不仅关系到能否在扩内需、促消费、稳增长、惠民生方面发挥市场主体的重要作用,而且关系到能否满足人民对美好生活的向往、实现小康社会的目标。

　　一个产业的发展,离不开人才支撑。科教兴国、人才强国是我国发展的关键战略。餐饮业的发展同样需要科教兴业、人才强业。经过60多年特别是改革开放40多年来的大发展,目前烹饪教育在办学层次上形成了中职、高职、本科、硕士、博士五个办学层次;在办学类型上形成了烹饪职业技术教育、烹饪职业技术师范教育、烹饪学科教育三个办学类型;在学校设置上形成了中等职业学校、高等职业学校、高等师范院校、普通高等学校的办学格局。

　　我从全聚德董事长的岗位到担任中国烹饪协会会长、全国餐饮职业教育教学指导委员会主任委员后,更加关注烹饪教育。在到烹饪院校考察时发现,中职、高职、本科师范专业都开设了烹饪技术课,然而在烹饪教育内容上没有明显区别,层次界限模糊,中职、高职、本科烹饪课程设置重复,拉不开档次。各层次烹饪院校人才培养目标到底有哪些区别?在一次全国餐饮职业教育教学指导委员会和中国烹饪协会餐饮教育委员会的会议上,我向在我国从事餐饮烹饪教育时间很久的资深烹饪教育专家杨铭铎教授提出了这一问题。为此,杨铭铎教授研究之后写出了《不同层次烹饪专业培养目标分析》《我国现代烹饪教育体系的构建》,这两篇论文回答了我的问题。这两篇论文分别刊登在《美食研究》和《中国职业技术教育》上,并收录在中国烹饪协会发布的《中国餐饮产业发展报告》之中。我欣喜地看到,杨铭铎教授从烹饪专业属性、学科建设、课程结构、中高职衔接、课程体系、课程开发、校企合作、教师队伍建设等方面进行研究并提出了建设性意见,对烹饪教育发展具有重要指导意义。

　　杨铭铎教授不仅在理论上探讨烹饪教育问题,而且在实践上积极探索。2018年在全国餐饮职业教育教学指导委员会立项重点课题"基于烹饪专业人才培养目标的中高职课程体系与教材开发研究"(CYHZWZD201810)。该课题以培养目标为切入点,明晰烹饪专业人才培养规格;以职业技能为结合点,确保烹饪人才与社会职业有效对接;以课程体系为关键点,通过课程结构与课程标准精准实现培养目标;以教材开发为落脚点,开发教学过程与生产过程对接的、中高职衔接的两套烹饪专业课程系列教材。这一课题的创新点在于:研究与编写相结合,中职与高职相同步,学生用教材与教师用参考书相联系,资深餐饮专家领衔任总主编与全国排名前列的大学出版社相协作,编写出的中职、高职系列烹饪专业教材,解决了烹饪专业文化基础课程与职业技能课程脱节,专业理论课程设置重复,烹饪技能课交叉,职业技能倒挂,教材内容拉不开层次等问题,是国务院《国家职业教育改革实施方案》提出的完善教育教学相关标准中的持续更新并推进专业教学标准、课程标准建设和在职业院校落地实施这一要求在烹饪职业教育专业的具体举措。基于此,我代表中国烹饪协会、全国餐饮职业教育教学指导委员会向全国烹饪院校和餐饮行业推荐这两套烹饪专业教材。

习近平总书记在党的十九大报告中指出:"到建党一百年时建成经济更加发展、民主更加健全、科教更加进步、文化更加繁荣、社会更加和谐、人民生活更加殷实的小康社会,然后再奋斗三十年,到新中国成立一百年时,基本实现现代化,把我国建成社会主义现代化国家"。经济社会的发展,必然带来餐饮业的繁荣,迫切需要培养更多更优的餐饮烹饪人才,要求餐饮烹饪教育工作者提出更接地气的教研和科研成果。杨铭铎教授的研究成果,为中国烹饪技术教育研究开了个好头。让我们餐饮烹饪教育工作者与餐饮企业家携起手来,为培养千千万万优秀的烹饪人才、推动餐饮业又好又快地发展,为把我国建成富强、民主、文明、和谐、美丽的社会主义现代化强国增添力量。

全国餐饮职业教育教学指导委员会主任委员

中国烹饪协会会长

出版说明

《国家中长期教育改革和发展规划纲要(2010—2020年)》及《国务院办公厅关于深化产教融合的若干意见》(国办发〔2017〕95号)等文件指出:职业教育到2020年要形成适应经济发展方式的转变和产业结构调整的要求,体现终身教育理念,中等和高等职业教育协调发展的现代教育体系,满足经济社会对高素质劳动者和技能型人才的需要。2019年2月,国务院印发的《国家职业教育改革实施方案》中更是明确提出了提高中等职业教育发展水平、推进高等职业教育高质量发展的要求及完善高层次应用型人才培养体系的要求;为了适应"互联网+职业教育"发展需求,运用现代信息技术改进教学方式方法,对教学教材的信息化建设,应配套开发信息化资源。

随着社会经济的迅速发展和国际化交流的逐渐深入,烹饪行业面临新的挑战和机遇,这就对新时代烹饪职业教育提出了新的要求。为了促进教育链、人才链与产业链、创新链有机衔接,加强技术技能积累,以增强学生核心素养、技术技能水平和可持续发展能力为重点,对接最新行业、职业标准和岗位规范,优化专业课程结构,适应信息技术发展和产业升级情况,更新教学内容,在基于全国餐饮职业教育教学指导委员会2018年度重点课题"基于烹饪专业人才培养目标的中高职课程体系与教材开发研究"(CYHZWZD201810)的基础上,华中科技大学出版社在全国餐饮职业教育教学指导委员会副主任委员杨铭铎教授的指导下,在认真、广泛调研和专家推荐的基础上,组织了全国90余所烹饪专业院校及单位,遴选了近300位经验丰富的教师和优秀行业、企业人才,共同编写了本套餐饮职业教育创新技能型人才培养新形态一体化系列教材、全国餐饮职业教育教学指导委员会重点课题"基于烹饪专业人才培养目标的中高职课程体系与教材开发研究"成果系列教材。

本套教材力争契合烹饪专业人才培养的灵活性、适应性和针对性,符合岗位对烹饪专业人才知识、技能、能力和素质的需求。本套教材有以下编写特点:

1.权威指导,基于科研　本套教材以全国餐饮职业教育教学指导委员会的重点课题为基础,由国内餐饮职业教育教学和实践经验丰富的专家指导,将研究成果适度、合理落脚于教材中。

2.理实一体,强化技能　遵循以工作过程为导向的原则,明确工作任务,并在此基础上将与技能和工作任务集成的理论知识加以融合,使得学生在实际工作环境中,将知识和技能协调配合。

3.贴近岗位,注重实践　按照现代烹饪岗位的能力要求,对接现代烹饪行业和企业的职业技能标准,将学历证书和若干职业技能等级证书("1＋X"证书)内容相结合,融入新技术、新工艺、新规范、新要求,培养职业素养、专业知识和职业技能,提高学生应对实际工作的能力。

4.编排新颖,版式灵活 注重教材表现形式的新颖性,文字叙述符合行业习惯,表达力求通俗、易懂,版面编排力求图文并茂、版式灵活,以激发学生的学习兴趣。

5.纸质数字,融合发展 在新形势媒体融合发展的背景下,将传统纸质教材和我社数字资源平台融合,开发信息化资源,打造成一套纸数融合一体化教材。

本系列教材得到了全国餐饮职业教育教学指导委员会和各院校、企业的大力支持和高度关注,它将为新时期餐饮职业教育做出应有的贡献,具有推动烹饪职业教育教学改革的实践价值。我们衷心希望本套教材能在相关课程的教学中发挥积极作用,并得到广大读者的青睐。我们也相信本套教材在使用过程中,通过教学实践的检验和实际问题的解决,能不断得到改进、完善和提高。

前言

中式面点制作是以传统中式面点工艺技术为研究对象的一门课程。本课程与"中餐烹调工艺""烹饪营养与配餐""烹饪原料知识""烹调基本功"等课程共同构成了烹饪学科体系。中式面点制作成为本学科体系重要的组成部分,是中职烹饪专业的核心课程。

党的二十大报告指出:"教育、科技、人才是全面建设社会主义现代化国家的基础性、战略性支撑""统筹职业教育、高等教育、继续教育协同创新,推进职普融通、产教融合、科教融汇,优化职业教育类型定位""推进教育数字化,建设全民终身学习的学习型社会、学习型大国"。本教材在编写过程中,编写团队紧紧围绕新时代中餐技能型人才的培养目标,以中职烹饪专业人才培养方案为切入点,进行基于课程开发的工作任务分析和职业能力分析,以职业技能标准为结合点,分析、复核中式面点师国家职业技能标准中需掌握的理论和技能。中餐烹饪专业课程开发的关键,是将课程内容与职业能力对知识技能学习水平的要求相融合,力求做到三个突出。

第一,突出实用性。将理论知识和餐饮行业岗位实践运用相结合,在讲解具体的中式面点制作技艺过程的关键点上不保守、不保留、不保密。中式面点品种的举例注重地域代表性和市场应用性。

第二,突出充实性。秉承传统技艺与时代创新同行的理念,在总结和继承传统中式面点制作技艺的同时,注重创新和发扬,及时把最新的科研成果纳入编写内容,强调教材的时代性、先进性和不断与时俱进的要求。

第三,突出实践性。以本专业学生的就业为导向,按照岗位工作任务的操作要求,结合职业资格的考核标准,创设工作情景,并组织学生实际操作,倡导学生在做中学、在学中做,激发学生的学习兴趣,注重能力的引导性和技艺性。

本教材共9个模块、15个项目、几十个典型知识技能点和工作任务。本教材既可作为职业教育烹饪专业的教学用书,也可以作为专业厨师的指导用书,还可以作为广大烹饪工作从业者的培训进修教材。

本教材由编写团队分工合作完成,兰州现代职业学院闫学春担任第一主编,负责编写大纲和总纂定稿;云南能源职业技术学院赵建红担任第二主编;广西梧州商贸学校段丽红担任第三主编。东营市东营区职业中等专业学校姜莎莎、广西桂林商贸旅游技工学校黄凤娇、青岛市技师学院胡婷、东营市东营区职业中等专业学校任燕担任副主编。东营市东营区职业中等专业学校裴启慧、魏晓彤和青岛市技师学院刘欢、隋雪超、丁红担任参编。具体分工如下：闫学春编写模块五、模块八；赵建红编写模块三；段丽红编写模块六、模块七；姜莎莎、魏晓彤、裴启慧编写模块四；黄凤娇编写模块二；任燕编写模块五；胡婷、丁红、刘欢、隋雪超编写模块一、模块九。

本书在编写过程中得到了杨铭铎教授的大力支持和科学指导。华中科技大学出版社的汪飒婷编辑从开始策划到教材落地，一直精心安排、跟踪指导、热情服务。各参编院校领导和老师给予了大力支持。在此一并表示衷心的感谢。

鉴于编者的学识和时间所限，书中难免有疏漏之处，我们企盼在今后的教学中，有所改进和提高。恳请广大读者批评指正。

编　者

模块一

中式面点概述

中式面点的发展历史

本模块课件

项目描述

中式面点的发展大致可以分为原始社会、奴隶社会、封建社会、近代社会、现代社会五个阶段。中式面点师只有了解中式面点制作从无到有、从粗到精的历史发展进程，了解面点制作早期的物质条件、制作原料、制作工具、制造方法及面点种类的发展历史，才能更好地将理论与实践相结合，制作出高品质的中式面点。

项目目标

1. 了解中式面点制作早期的物质条件。
2. 了解中式面点制作原料、制作工具、制作方法及面点种类的发展历史。

**中式面点
文化**

一、原始社会

据史料记载，在原始社会早期，原始人过的是"茹毛饮血"的生活。《礼记·礼运》："昔者先王未有宫室，冬则居营窟，夏则居橧巢。未有火化，食草木之实、鸟兽之肉，饮其血，茹其毛。"因此，在这一时期，还谈不上烹饪，也无面点。

直到燧人氏发明人工取火后，我们的祖先才从食生食发展到食熟食，人与动物得以区分。人工取火的发明，是烹饪技术、面点制作技术发展的一个重要条件，具有特殊意义。

想要制作出可口、美观、营养的面点，只掌握钻木取火的技术是远远不够的，只有当面点制作工具、面点制作原料及调味料同时具备时，人们才能制作出各种面点，所以我国在商代以前未曾出现真正意义上的面点。

二、奴隶社会

中式面点经历数千年的传承和发展，在奴隶社会，随着社会生产力的进步而发展。

谷物是最早出现的面点制作原料。商周时期，我国的粮食生产已有较大发展，品种也慢慢丰富起来。春秋战国时期，谷物种植已呈现多样化，有麦、稻、菽、黍、稷等品类，其中麦有大麦、小麦之分，黍、稷、稻也有许多品种。麦、菽、稷、麻、黍被列为五谷。因受气候的影响，此时期我国南北方出产的粮食种类也有差别。南方以稻米为主，北方则以小麦为主。

当时农业生产的发展，为人类提供了较为充裕的食用原料，同时手工业生产的进步，也提供了多样化的制作工具，如杵臼、石磨盘、棒、碓等。人类用工具将粮食碾压成粉来食用，实现了粮食从"粒食"到"粉食"的转变，解决了粮食因种壳难以炊煮、影响营养成分吸收的难题，同时也扩大了面点制品的品种，开启了人类饮食文明的新篇章。从西周到战国早期的面点制品近二十余种。

由于早期祭祀和筵宴的需要，有了一批专门从事厨务劳动的奴隶。据《周礼》记载，周王室中已设有"舂人"的官吏，率领"奄二人，女舂枕二人，奚五人"，专门负责为王室舂谷物的事宜，早期面点在宫廷中诞生。

三、封建社会

先秦到明清时期,面点制作技术全面、迅猛发展。先秦时期是我国面点的发端时期,由于生产力的发展,物质条件逐渐具备,人们掌握了比较先进的磨粉技术,并且对麦子的出面率已经有了一定的要求,同时对多种谷物进行加工,然后在面点制作中进行利用。

除了面点制作的主要原料,辅料、调味料也是面点制作中不可或缺的原材料。先秦时期,常用的动物油有"犬膏""豕膏""羊脂""牛脂"等,汉代以后才将植物油应用到面点制品中,以改进面点制品的口感,同时盐、梅子、麦芽糖、蜂蜜等调味料也被普遍使用。此外,用肉丁与米粉做的糁已经出现,均为后代制作多种口味及带馅的面点打下基础。

使用发酵的方法制作面点是面点制作史上的一座里程碑。同时蒸、煮、煎、炒、烤等熟制方法也逐渐被人们掌握。面点中糗、饵、酏食、糁、小米饼、饺子、小米面条、煎饼等制作工艺较为复杂的品种也相继出现。

两汉魏晋南北朝是中国面点初步发展时期。此期面点原料选材更为广泛,谷物品种达到百种以上,辅料开始使用牛乳、羊乳及奶酪、酥等。发酵方法得到进一步改善与发展。工具方面,开始使用蒸笼、烤炉等进行熟制。此时,面点制作与民间年节食俗紧密相连,如"粽子""汤饼""重阳糕"等的制作,具有浓厚的文化色彩。

唐、宋时期,面点制作兴盛起来,面点食疗开始出现,著书立说开始成为时尚。在制作技术方面,水磨糯米粉开始出现,面团调制方法多样化,水调面团、发酵面团、油酥面团均推广使用,同时馅心类型开始不拘一格,出现荤素,有甜咸、酸辣等多种口味。人们在制作面点过程中开始利用模具及多种手法进行造型。面点流派的雏形开始分化出来,《东京梦华录》中有"北食店""南食店""川饭店""素分茶"等面点店铺,各具特色。随着中外文化的交流,中国面条开始传入欧洲,馒头传入日本,包子传入韩国。

由于社会生产力的不断发展,明清时期成为中国面点发展的一个高潮时期,面点制品在选材、工具使用、口味、造型、命名等方面有了新的飞跃。此时面点品种更加丰富,猪、牛、羊、鸡、鸭、鹅等肉类,鱼、虾、蟹等水产类,萝卜、菠菜、白菜、葱、姜、韭菜等蔬菜类,这些常被选用作为面点原料。调味料也呈现出多样化,油、盐、酱、醋、糖、蜜均已开始使用。

明清时期的面点种类繁多,数以千计,南北交流日益频繁也是促进南北方面点品种和口味相互影响、交融发展不可或缺的条件。如面条、馄饨、饺子、包子、馒头、烧卖、煎饼、烙饼、糕点等,种类繁多,能够满足人们对面点的各种需求。这一时期,面点的食用与岁时节日有了更加紧密的结合,春节吃年糕、饺子,正月十五吃元宵,端午节吃粽子,中秋节吃月饼等已形成风俗,极具文化内涵。此时大量专业的面点店铺如面条店、包子店、馄饨店、饺子店、糕点店及兼卖面点的酒楼出现,餐饮市场初具规模,餐饮业也开始向专业化方面发展,出现了红、白案分工制作。面点制品开始进入宴席,成为宴席配套的主食之一,把面点行业的发展推向另一个繁荣兴盛的阶段。

四、近代社会

鸦片战争以来,中西方交流的日益增多,中国人对西方饮食文化也有了一定的了解。1914年的北京就有多家较出名的西餐馆,天津、重庆、广州、长春、沈阳乃至一些中小城镇,也有了一些西餐馆。糕点店逐渐取代了饽饽铺、茶食店,因糕点品种多、口味丰富,各大食品公司也开始制作糕点并为自己的产品做宣传,例如上海冠生园在《大公报》上连续登载食品广告,雀巢公司也为其麦精粉做广告。西方的饮食文化对中式面点发展起到了一定推进作用,中式面点将西方食品的原材料及烹饪方法进行了吸收、学习和利用。随着面包、蛋糕、布丁、饼干等传入我国,面点品种不仅得到了丰富,对我国面点制作技术发展也起到了一定的积极作用。

丰富多样的中式面点

五、现代社会

新中国成立后,社会各领域综合发展,中式面点也得到了空前的发展。我国目前在面点技术方面,更趋向于精细地选择原材料进行加工制作,在注重口味的同时利用多种技法对面点制品进行造型,在色、香、味、形等方面有了进一步的提升。

面点制作方法由初期的手工制作发展为半自动化生产,生产效率得到了大幅度提高。面点品种呈现出多样化,多功能化。面点既可作为主食又可作为辅助餐点,譬如馒头、米饭等可作为主食,也可作为早点、茶点,还可作为宴席配置的席点,亦可作为旅游调剂的糕点、小吃,以及作为庆典或节日的礼品点心等。

中式面点在继承传统面点特色的基础上,又进行创新。从原材料选择、形成工艺、熟制工艺等环节着手,对工艺制作过程进行改革,打造适应时代需要的特色产品。从低热量、低脂肪及多膳食纤维、维生素、矿物质等方面入手,创新制作营养均衡的面点品种,运用新技术,包括配方和工艺流程,提高传统的工作效率,增加新的面点品种。现代人讲求营养科学,积极开发功能性面点品种,主要有针对老年人保健、女性美容、儿童营养强化等几大类。例如:开发出具有辅助软化血管和降低血压、血脂及血清胆固醇等作用的降压面点品种;开发出益于减肥的减肥面点品种;还开发出满足青少年身体生长发育的面点品种等。

为顺应时代潮流,面点的创新、传承和发展任重道远,需要我们踏实勤奋地去开拓更广阔的发展空间,创新制作出更多色、香、味、形等诸多方面满足食客要求的面点产品,进一步推进我国中式面点制作的发展。

 项目小结

学生了解中式面点制作发展历史,既有助于理论联系实践掌握面点的基本品种,又有利于将传统面点制品与现代市场流行的面点制品相结合,根据时代的发展与需求,对面点制品进行创新制作。

理论、技能
知识点
评价表

Note

中式面点在餐饮中的作用

项目描述

本项目介绍中式面点的概念、类别及在餐饮中的作用，要求学生从理论方面了解中式面点的概况，对中式面点有一个基本了解。

项目目标

1. 了解中式面点的概念。
2. 掌握中式面点的分类方法。
3. 了解中式面点在餐饮中的作用。

一、中式面点的概念和分类

（一）概念

面点是面食和点心的总称。

面点因其原料主要是白色的面粉和米粉，故行业中俗称"白案"或"面案"。白案制品有面食、米食、面制点心、米制点心等。

面点有狭义和广义之分。从狭义上讲，面点是指以米粉、面粉、杂粮粉等为主料，以油、糖和蛋为调辅料，以蔬菜、肉品、水产品、果品等为馅料，经过调制面团、制馅、成型和熟制工艺，制成具有一定色、香、味、形、质的各种主食、小吃和点心。从广义上讲，面点包括用米、麦和杂粮制成的所有食品。

（二）分类

由于我国各地区的地理、环境、气候、物产条件不同，人们生活习惯也有差异，使得面点在选料、制法、口味、品种上形成了不同的风格，具有不同的传统特色，因此，中式面点品种繁多，要全面了解中式面点的品种概况，必须首先了解中式面点的分类情况。

❶ **按原料分类** ①麦类制品（如面条、馒头）。②米类制品（如麻团、粽子）。③杂粮类制品（如绿豆糕）。

❷ **按成熟方法分类** ①蒸（如如意花卷）。②煮（如鲅鱼水饺）。③煎（如白菜煎饺）。④炸（如麻花）。⑤烙（如烧饼）。⑥烤（如月饼）。⑦炒（如扬州炒饭）。

❸ **按口味分类** ①本味（如手揉馒头）。②甜味（如汤圆）。③咸味（如灌汤包）。④复合味（如伊府面）。

❹ **按形态分类** ①包（如三丁包子）。②饺（如韭菜水饺）。③饼（如黄桥烧饼）。④团（如青团）。⑤条（如油条、面条）。⑥羹（如银耳羹）。⑦糕（如马蹄糕）。⑧冻（如西瓜冻）。

❺ **按馅料分类** ①荤馅（如鲜肉包子）。②素馅（如韭菜盒子）。③荤素馅（如白菜猪肉大包）。

❻ **按风味流派分类** ①京式面点（如驴打滚、豌豆黄）。②苏式面点（如千层油糕、翡翠烧卖）。

面条

馒头

麻团

粽子

杂粮类制品

包子

饼

③广式面点(如叉烧包、虾饺)。

7 按面团分类

(1)水调面团。①冷水面团(如手擀面)。②温水面团(如花式蒸饺)。③热水面团(如手抓饼)。

(2)膨松面团。①生物膨松面团(如秋叶包)。②化学膨松面团(如油条)。③物理膨松面团(如海绵蛋糕)。

(3)油酥面团。①单酥面团(如桃酥)。②层酥面团(如荷花酥)。

(4)其他面团。①米粉面团(如糯米糍)。②杂粮面团(如小窝头)。③果蔬类面团(如南瓜发糕)。

二、中式面点的在餐饮中的地位和作用

中式面点在饮食业中具有重要的地位和作用,是餐饮的重要组成部分。

(一)面点与菜肴密切关联、互相配合、不可分割

我国的面点与菜肴一样,有着悠久的历史。我国的面点制品花色繁多、风味独特,是餐饮的重要组成部分,也是祖国珍贵的文化遗产。白案(面点制作)和红案(菜品烹调)是饮食业的两大主要支柱,二者是互相区别(一是主食、一是副食)、互相配合和不可分割的,有许多品种是菜中有点、点中有菜,菜点融为一体,体现了独特的风味特色。另外,正餐中的主、副食结合和宴席上的点心,也都体现了二者之间的联系。因此,中式面点制作是餐饮中不可缺少的重要组成部分。

(二)面点制品具有相对的独立性,它可以离开菜肴烹调而单独经营

目前,我国各地专门经营面点的店铺分布很广,种类繁多,如面食馆、糕团店、包子店、饺子店,经营小食品的早点铺、夜宵铺、点心铺等。这样的店铺不受资金、店铺面积和设备环境的限制,经营的品种可以是单一品种也可以是多个品种,这都说明了面点制品的独立性。

(三)面点制品具有食用方便、便于携带的特点

面点的制作不受诸多条件的限制,取料简便,制作灵活,特别是早点和夜宵,据统计上班族中几乎有半数以上的人每天在上班前、下班后到面食馆、快餐店等吃早点和夜宵,这充分说明面点与人们的生活息息相关。

(四)面点制品是庆贺喜事、丰富市场、活跃节日气氛、馈赠亲朋好友的佳品

面点品种丰富多彩,造型美观,富有艺术性,是人们访亲探友、礼尚往来的方便礼品。如办喜事有"龙凤呈祥"、庆祝寿辰有"寿比南山"等。还有许多面点,人们以谐音命名,如名称中有"福""禄""寿""喜""财"字等,在喜庆宴会上向友人表达祝福和愿望。

(五)面点制品含有人体所必需的营养成分

《中国居民膳食指南》的主要内容之一就是食物多样,谷类为主。谷物是我国传统膳食的主体,它所提供的热量占总热量的70%～80%,甚至更多;50%左右的蛋白质是谷物供给的。目前,随着经济发展和生活水平的提高,人们倾向于食用更多的动物性食物,而且动物性食物的消耗量已经超过了谷物的消耗量,这种饮食方式提供的能量和脂肪过高,而膳食纤维过低,对一些慢性病的预防不利,如胆固醇过高会导致动脉硬化、肥胖症、高血压和冠心病等。因此,以谷物为主是我国膳食的良好传统。面点制品不但应时适口,既可以在饭前或饭后作为茶点品味,又能作为主食,这也反映了我国居民以"五谷为养"的饮食传统,谷物含有人类所必需的营养成分。

理论、技能
知识点
评价表

→ 项目小结

我国的面点制品有着悠久的历史,是餐饮的重要组成部分,想要掌握面点制作技术,需明确面点的概念、类别及地位。

项目检测

1. 简答题　中式面点在餐饮业中的作用和地位是什么？

2. 互动讨论题　请同学们互相介绍自己家乡的特色面点。

中式面点的发展现状和趋势

项目描述

本项目介绍中式面点的发展现状及趋势,要求学生全面了解中式面点的现状,结合发展趋势传承中式面点技艺,并努力创新。

项目目标

1. 了解中式面点的发展现状。
2. 了解中式面点的发展趋势。

一、中式面点的发展现状

随着生活节奏加快,竞争加剧,面点制作有了发展和提高,逐渐转为机械化、半机械化、自动化、半自动化,大大减轻了面点制作工人的劳动强度,极大地提高了生产力。通信的快捷,交通的便利,使各地的生产技术和特色产品得到广泛交流,南北食品的交流,大大丰富了南北面点市场的品种。

在面点创新品种上,出现了大量的中西风味结合、南北风味结合、古今风味结合及许多胜似工艺品的精细的高级点心。

在供应方式上,从肩挑零担、沿街叫卖,到具有一定规模的面点店及大型的糕点制作工厂,所属的供应网络一应俱全。面点已成为大中型饭店、酒席筵宴上必备的食品,也成为千家万户生活中的常备食品。

二、中式面点的发展趋势

（一）中西结合、菜点结合

❶ **中西结合,借鉴国外经验** 西方工业化国家的饮食管理,特别是快餐的发展和管理,为我们发展中式面点提供了有益的经验。当然,发展的前提是保持中式面点的传统风味特色。其具体方法如下。

（1）在生产规模上向社会化大生产发展。

（2）在质量管理上做到规范化、标准化。

（3）在销售方式上借鉴连锁经营经验。

（4）在技术上采用中点西做,或西点中做,或中西结合。

（5）在营养上做到膳食平衡。

❷ **菜点结合,改善筵席结构** 面点历来都是筵席内容的一部分,但所占比例不大,形式单调,搭配不尽合理,今后发展趋势可能有以下三种形式。

（1）以点代菜,在筵席上增加面点的比例。

（2）以特色系列面点、小吃组合成宴席，在这方面，西安饺子宴、四川小吃宴、山西面食席等方式将会大大推广。

（3）菜点结合，组成特色面点快餐。如上海荣华鸡快餐，每份包括蛋炒饭、炸鸡腿、素菜和蛋汤。

（二）开发速冻面点、特色面点

1 开发速冻面点，向家庭服务延伸　随着生活节奏的加快，上班族会尽量缩短三餐制作的时间，这为发展速冻面点或半成品提供了广阔的市场，速冻水饺、速冻元宵、速冻春卷、速冻小笼汤包等已有广阔的前景，更多的速冻特色面点等待开发。

2 开发特色面点，打入国际市场　中式面点具有独特的东方风味和浓郁的中国饮食文化特色，在国外享有很高的声誉。应发展面点食品出口，打入国际市场，特色面点出口前景是十分乐观的。

（三）改进传统配方、改进生产条件、加强科技开发

1 改革传统配方，达到营养平衡　面点中营养成分单一的传统品种，可根据饮食特点和原料条件切实改进配方，当然，应保证在继承和发扬传统风味的前提下使之更加合理。主食的营养强化将是发展方向之一。

高油脂、高糖类的面点配方会得到适当调整，从低热量、低脂肪、多膳食纤维、多维生素、多矿物质入手，创制适合现代人需要的、营养均衡的面点品种。

传统的米豆混食、荤素搭配、营养互补的特色将进一步发扬。肉包、水饺、炸面窝等特色品种将历久不衰。

开发保健面点，利用原料的自然属性配制成面点，发展功能性食品也将是面点的一大发展方向。

2 改进生产条件，做到安全卫生　一些技术含量高而目前又无法采用机械化、自动化代替的传统面点小吃制作技艺，如抻面、酥点制作等将会长期存在，与自动化、机械化生产的品种互相调剂，成为中国饮食的特有景观。我们在保护传统面点小吃制作技艺的同时，应改善工作环境条件，安全生产，确保卫生，特别是一些街头摊点制作的特色产品，其制作技艺绝活是中国面点的精华，绝不能在工艺化的趋势下使传统技艺失传。应加强管理，提高卫生水平，以减少食源性疾病的发生。

3 加强科技开发，更新换代品种　所谓科技开发，主要是研究面点制作的科学性、营养化、工艺化，使多数面点成为全方位营养食品，并适应现代人的生活需要。一是快节奏的需要，让顾客在几分钟内能够吃到或拿走配膳科学、营养合理的面点快餐食品。二是开发便于保管、便于携带的面点食品，以适应人们出差、旅游的需要。三是巩固、挖掘、创新传统面点，研究中国面点的特点和规律。要加快面点机械的研制工作，逐步实现面点生产的社会化、现代化、集约化、产业化。

▶ 项目小结

当前面点发展应继承中华民族传统饮食文化的优秀成果，吸收国外现代快餐企业的生产、管理、技术经验，采用先进的生产工艺设备、经营方式和管理办法，发展有中国特色的、丰富多彩的、适应消费需求的面点品种。

理论、技能
知识点
评价表

中式面点制作的工艺流程

项目描述

中式面点制作工艺较为复杂,大致包括十道工序,只有熟悉和掌握每道工序,才能制作出符合要求的面食点心。中式面点制作主要包括选料、和面、揉面、搓条、下剂、制皮、上馅、成型、熟制、装盘等步骤,每个步骤都影响着制品的风味和特色,本项目要求学生从理论和实践两方面了解中式面点制作的工艺流程,了解各操作技术在具体面点制作中的运用,掌握各环节的操作关键。

项目目标

1. 了解中式面点制作的一般工艺流程。
2. 了解中式面点岗位工作流程。
3. 掌握中式面点制作的工艺流程操作要领。

一、中式面点制作的一般工艺流程

(一)中式面点制作的一般程序

我国面点制品品种繁多,制作技术精湛,手法多样。在面点制作中,一般程序有五道。当然,根据面点所用的原料、成型及成熟方法的不同,其操作程序也略有不同,具体程序如下。

❶ **选择原料** 根据面点制作的品种、数量选择最佳原材料。面点制作的原料分为三类:第一类是皮坯用料,如米粉、面粉、其他杂粮等;第二类是制馅用料,如各种肉类、水产品、蛋类、蔬菜、豆类及果仁蜜饯类等;第三类是调味料和辅料,如油、糖、精盐、乳品及添加剂等。

❷ **准备工具** 根据面点制作的需要,将制作面点所用到的设备、工具准备齐全,放在便于取用、不妨碍操作的位置,以保证工作顺利进行。同时检查设备、工具的完好及卫生状况,确保操作的安全和正常运转。

❸ **加工原料** 将准备好的原材料进行初步加工、配制。有的原料要去皮、除核,有的要裹粉加热,事先做好皮料、馅料、辅料的加工工作。

❹ **制品成型** 准备好面点的皮料、馅料、辅料,采用不同的手法,经搓条、下剂、制皮、上馅、成型等工艺过程,制成各种形状。

❺ **制品成熟** 大多数制品的最后一道工序,就是对生坯运用各种加热方法,如蒸、煮、煎、炸、烙、烤、炒及复合熟制方法等,使制品在高温的作用下,发生一系列的变化,成为色、香、味、形俱佳的成品,最后装盘,做完这道工序,面点制作的一般程序基本上完成。

❻ 中式面点制作流程图

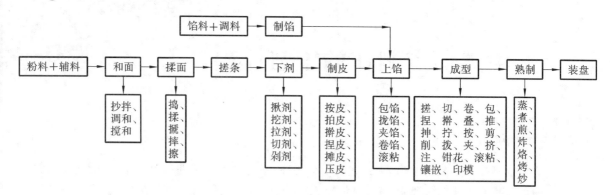

（二）中式面点制作的重要性

❶ **基本技术手法**　基本技术手法是面点制作中最重要的基础操作,学会了这些基础操作,才能为面点制作打下扎实的基础。面点的品种虽然很多,但是大多数面点制作的基础操作是相同的。例如,大多数面点制作开始时都要和面、揉面,揉面后必须按照制成成品的规格质量搓条、下剂,再根据包馅品种的要求制皮、上馅。如果不掌握这些基础操作,就不可能制成面点。因此,掌握基本技术手法是学习各种面点制作技术的前提。

❷ **基本操作技能**　基本操作技能熟练与否会直接影响制品的质量和工作效率。学会了这些基础操作手法,才能较好地学习复杂的制作工艺,使制品美观、饱满,并做到举一反三。例如,和面面团的软硬度是否合适,擀制面皮的厚薄是否符合要求,都会影响下一道工序的操作和成品的质量。只有学好了基本操作技能,再学习成品的制作技术,才会做出好成品,工作效率才会提高。

❸ **基本技术动作**　基本技术动作是面点制作者的主要基本功。目前的面点制作仍以手工为主,基本技术动作是否熟练和规范,直接影响成品的质量。大多数餐饮企业拥有机械设备,和面等操作由和面机代替,但并不是所有的面团都可以用和面机来操作,面团的软硬度要恰到好处并运用自如,需要好的臂力、腕力和灵活的手功。勤学苦练基本技术动作仍是面点制作者的重要任务之一。

二、中式面点制作的基本操作技术及操作要领

（一）和面

和面又称调面,是指将粉料与其他辅料（如水、油、蛋、添加剂等）掺和并调制成面坯的过程。和面是整个面点制作工艺中的一道最初工序,是制作面点的重要环节。和面质量的好坏,直接影响面点后续加工及成品质量的好坏。

❶ **和面的姿势要领**　在调制面坯时,需用一定强度的臂力和腕力。为了便于用力,制作者两脚应稍微分开,站成丁字步。首先,将面粉放入缸内或案台上,在面粉中间扒一凹窝,然后分次将水或其他辅料掺入,拌成雪花状,最后再洒上少量水揉制成面坯。

❷ **和面的一般要求**

（1）掺水量要适当:掺水量应根据不同粉料品种、不同季节和不同面坯而定。掺水时应根据粉料的吸水情况分几次掺入,而不是一次加大量的水。

（2）动作迅速、干净利落:无论哪种和面手法都要求投料吃水均匀,符合面坯的性质要求。面和好以后,要做到手不粘面、面不粘缸（盆、案）及面坯表面光滑。

❸ **和面的操作手法**　和面的手法大致有三种,即抄拌法、调和法、搅和法,其中以抄拌法使用最为广泛。

（1）抄拌法:将面粉放入缸或盆中,在面粉中间扒一凹窝,分次放水,用双手将粉料反复抄拌均

匀,揉搓成面坯。

（2）调和法：将面粉放在案台上、围成中间薄、周边厚的窝状（也称为"开窝"），将水或其他辅料倒入窝内,双手五指张开,将窝内原料混合均匀,再从内向外逐渐拨入面粉调和,面成雪花状后,再经搓、捧等工艺方法使面坯光滑。

（3）搅和法：将面粉放入盆内,左手浇水,右手拿面杖或竹筷搅和,边浇边搅,搅成均匀的面坯。

在面点制作工艺中,无论采用哪种和面手法,和好的面坯一般都要用干净的湿布盖上,以防止面坯表面干燥、结皮、出现裂缝。

（二）揉面

揉面是在面粉颗粒吸水发生粘连的基础上,通过反复揉搓,使各种粉料调和均匀,充分吸收水分形成面坯的过程。揉面是调制面坯的关键,它可使面坯进一步增劲、柔润、光滑。

❶ **揉面的姿势要领** 揉面时脚要稍稍分开,站成丁字步,上身要稍微弯曲,身体不靠案台。面坯要揉透,使整块面坯吸水均匀,不夹粉茬,揉至面光、盆光、手光。

❷ **揉面的手法** 揉面的手法主要有捣、揉、擦、摔、擦5种。

（1）捣：在面和成团后,将面团放在缸（盆）内,双手紧握拳头,在面的各处用力向下均匀捣压,力量越大越好。当面被捣压挤向缸（盆）的周围时,要将其叠拢到中间,再继续捣压,如此反复多次,直至把面坯捣透上劲为止。

（2）揉：用双手掌根压住面坯,用力伸缩向外推动,把面坯摊开、叠起,再摊开、再叠起,如此反复,直至揉透。

（3）擦：双手握拳,交叉在面坯上擦压,边擦边压边推,把面坯向外擦开,然后卷拢再擦。擦比揉的劲大,能使面坯更均匀、柔顺、光润。

（4）摔：摔分为两种手法。一种是筋道面坯的摔法,即手拿面坯,举起来,手不离面,摔在案台上,摔匀为止,水油面的调制就是运用此法。另一种是稀软面坯的摔法,即用手拿起面坯,脱手摔在盆内,摔下,拿起,再摔,直至将面坯摔均匀,春卷面的调制就是运用此法。

（5）擦：主要用于油酥面坯和部分米粉面主坯的制作。方法是在案台上把油与面和好后,用手掌根把面坯一层层向前推擦,使油和面相互粘连,形成均匀的面坯。

❸ **揉面的技术要领**

（1）揉面时要用"巧劲",既要用力,又要揉"活",必须手腕着力,而且力度要适当。

（2）揉面时要按照一定的次序,顺着一个方向揉,不能随意改变,否则不易使面坯达到光洁的效果。

（3）揉发酵面时,不要用"死劲"反复不停地揉,这样会把面揉"死",达不到膨松的效果。

（4）揉匀面坯后,不要马上制作成品,一般要醒10分钟左右。

（三）搓条

搓条就是将揉好的面坯搓成条状的一种工艺手法,它是下剂前的准备步骤。

❶ **搓条的操作手法** 将醒好的面坯先切成长条状,然后用双手掌根将面推搓成粗细均匀的圆柱状长条。

❷ **搓条的基本要求** 条长而圆,光洁不粗糙,粗细均匀一致。

❸ **搓条的技术要领** 两手着力均匀、平衡,手法灵活、连贯自如,用掌根推搓,不能用掌心,否则不易搓匀。

（四）下剂

下剂又称掐剂子,是将搓条后的面坯分成大小一致的坯子。下剂的质量直接关系到面点成型后的规格大小,这也是成本核算的标准。根据各种面坯的性质,常用的下剂方法有揪剂、挖挤、拉剂、切剂、剁剂等。

❶ **下剂的基本要求** 大小均匀,重量一致,剂口利落,不带毛茬。

❷ **下剂的手法**

(1)揪剂:揪剂又称摘坯或摘剂。将搓好的剂条,用左手捏住,露出相当于坯子大小的长度,然后用右手大拇指与食指轻轻捏住面剂,用力顺势揪下。

揪剂的操作要领:左手不能用力太大,揪下一个剂子后,左手将面条转90°,然后再揪。

(2)挖剂:挖剂又称铲剂,多用于较粗的剂条。将剂条放在案台上,左手虎口按住剂条,右手四指弯曲成铲状,手心朝上从剂条下面伸入,左手向下右手四指向上挖下剂子。

挖剂的操作要领:右手在挖剂时用力要猛,要使其截面整齐、利落。

(3)拉剂:拉剂多用于较为稀软的面坯。由于面坯较软,不宜将剂条拿在手中下剂,因而采用此法。左手按住剂条,右手五指抓住剂子,用力拉下。

(4)切剂:切剂是将剂条用刀切成均匀的剂子。将剂条放在案台上,用刀切成大小一致的面剂,制作圆酥时宜用切剂。

切剂的操作要领:下刀准确,刀刃锋利,切剂后剂子截面呈圆形。

(5)剁剂:剁剂就是将搓好的剂条放在案台上,根据制品品种要求的大小,用刀均匀地将剂子剁下,制作花卷、馒头等时宜用剁剂。

(五)制皮

制皮就是将剂子制成薄片的过程。面点工艺中有很多品种都需要制皮,制皮技术性较强,操作方法也较为复杂。制皮质量的好坏直接影响包捏工序的进行和面点的最后成型。由于各类面点的要求不同,制皮方法也有所不同。常用的方法有按皮、拍皮、擀皮、捏皮、摊皮和压皮等。

❶ **按皮** 按皮是一种较为简单的制皮方法。操作方法是将下好的面剂截面向上,用掌根将其按扁,呈中间稍厚、四周稍薄的圆皮。

❷ **拍皮** 将下好的面剂截面向上,用手先掀压一下,然后用手掌沿着剂子周围用力拍,边拍边顺时针方向转动面皮,将剂子拍成中间厚、四周薄的圆形面皮。

❸ **擀皮** 擀皮是应用最广的制皮方法,它技术性强,要求较高。擀皮的方法有许多种,根据使用工具及面点制作要求的不同,擀皮的方法也不同。常用的擀皮工具有单手杖、双手杖、走槌等,用于水饺皮、蒸饺皮、烧卖皮、馄饨皮以及油皮酥等的制作。

❹ **捏皮** 捏皮适用于无筋力的面坯制皮,如米粉面坯、薯蓉面坯的制作。将剂子用手揉匀搓圆,再用双手手指捏成碗状,俗称"捏窝"。

❺ **摊皮** 摊皮是一种较为特殊的制皮方法,主要用于稀软面坯。将锅置于中小火上,锅内抹少许油,右手拿起面坯,不停抖动(因面坯还很软,放在手上不动就会流下),顺势向锅内摊开,使面坯在锅内粘上一层,即成圆形皮子。随即拿起锅,继续抖动面坯,待面皮边缘略有翘起,即可揭下成熟的皮子。摊皮的要求是面皮形圆、厚薄均匀、无砂眼、大小一致。摊皮的操作要领是掌握好火候,动作要连贯,所用锅一定要洁净,并适量抹油。

❻ **压皮** 压皮也是一种特殊的制皮方法,主要用于澄面点心的制皮。将剂子用手均匀地揉成圆球状,置于案台上(要求案台光滑、平整、无裂缝),案台上抹少许油,右手持刀,将刀平放在剂子上,左手按住刀面,向前旋压,将剂子压成圆皮。

(六)制馅

制馅是将食品原料制碎、调味的工艺过程,是大多数面点制作的重要组成部分,行业里习惯将制馅的成品称为馅心。馅心在面点制作工艺中具有体现面点口味、影响面点形态、形成面点特色和使面点花色品种多样化的特点。

中式面点的馅心品种繁多,类别复杂,按口味和成熟与否,一般分为生咸馅、熟咸馅、生甜馅和熟甜馅四种。

馅心的调制方法将在后面模块专门阐述。

（七）上馅

上馅也叫包馅、塌馅、打馅等，即在坯皮中间放上调好馅心的过程。它是制作有馅面点的一道重要工序，上馅的好坏会直接影响成品的包捏和成型。根据品种不同，常用的上馅方法有包馅法、拢馅法、夹馅法、卷馅法、滚粘法等。

❶ 包馅法　包馅法是最常用的一种方法，用于包子、饺子、合子（一种夹馅的面饼）、汤圆等绝大多数面点品种。根据品种特点，又可分为无缝、捏边、提褶、卷边类等。上馅的多少、部位、手法随所用方法不同而变化。

（1）无缝类：此类面点如豆沙包、水晶馒头等，一般要将馅上在中间，包成圆形或椭圆形，不宜将馅上偏。

（2）捏边类：此类面点如水饺、蒸饺等，馅心较大，上馅要稍偏一些，这样将皮折叠上去，才能使皮子边缘合拢捏紧，馅心正好在中间。

（3）提褶类：此类品种如小笼包、包子等，因提褶面呈圆形，所以馅心要放在面皮正中心。

（4）卷边类：此类品种如酥合子、鸳鸯酥等，将包馅后的皮子依边缘卷捏成型，一般用两张面皮，中间上馅，上下覆盖，依边缘卷捏。

❷ 拢馅法　拢馅法就是将馅放在面皮中间，然后将皮轻轻拢起，不封口，露一部分馅，如烧麦等。

❸ 夹馅法　夹馅法即一层料一层馅，上馅要均匀而平整，可以夹上多层馅。对稀糊面制品，要蒸熟一层料再上馅，然后再铺另一层料，如三色蛋糕等。

❹ 卷馅法　卷馅法就是先将面剂擀成面皮，然后将馅抹在面皮上（一般是细碎丁馅或软馅），再卷成筒状，熟后切块，露出馅心，如蛋糕等。

❺ 滚粘法　滚粘法较为特殊，是将馅料切成块，蘸上水，放入干粉中，用簸箕摇晃，使干粉均匀地粘在馅上，如摇制元宵。

（八）成型

成型是运用调制好的各类面坯，配上各式馅心（或不用馅心）制成形状多样的成品生坯的过程。通过成型工艺，可将面点制成各种几何形状和仿生形态。

（九）熟制

将已成型的面点生坯（半成品），运用各种加热方法，使其成为色、香、味、形俱佳的熟制品，这个由生变熟的过程称熟制。

（十）装盘

这是中式面点制作的最后一道工序，这道工序不仅要把好卫生关，而且还要掌握装盘的最基本方法。

❶ 随意式　随意式是最简单的装盘形式。这种形式只需要选择适当的餐具与点心组合。装盘时，要注意留有适当的空间，既不显空疏，又不能拥挤，一般以视觉上舒适为宜。随意式适合成品体积较小的品种，如茶点中的小麻花、花生粘等。

❷ 整齐式　整齐式在随意式的基础上又进了一步，要求面点形状统一，排列整齐、匀称、有规律，或围或叠，或圆或方。

❸ 图案式　图案式是根据成品的特点进行图案装饰，用各类成品进行组合，或对称，或均衡，或呈几何形，或是装饰绘画。如两种点心的"双拼"，以及采用起伏线、对角线、螺旋线、"S"形构图以及各种形式综合运用的构图。

④ **点缀装饰式** 点缀装饰式是在采用以上方法后加上点缀装饰,画龙点睛。如在白色荷花酥的表面点缀粉红色的糖,在白色烧卖的表面点缀红色的火腿末或黄色的蛋丝。但不能用与面点无任何联系的饰物来点缀,否则会是画蛇添足的效果。

⑤ **象形式** 象形式要求最高,难度也最大,必须紧扣宴席主题,精心构思,设计出具有高雅意境的画面。设计此种装盘,除应具备上述四种设计技能外,还需要具备较强的绘画技巧和主题构思能力,这需要在实践中不断学习才能掌握。

理论、技能
知识点
评价表

项目小结

我国面点制作内容丰富,花色繁多,以上这些基础操作技术是面案操作的基本功,只有学好并熟练掌握这些基本功,才能制作出符合要求的成品。

项目检测

1. 简答题　中式面点制作的工艺流程是什么?
2. 互动讨论题　结合实训课堂内容,同学们互相交流面点基本操作技能感受和经验。

模块二

中式面点制作的设备与工具

模块描述

中式面点制作的设备与工具是中式面点制作不可缺少的一部分，也是决定制品好坏的一个重要的因素。本模块主要使学生通过课程的学习，认识并熟练掌握中式面点制作常用的工具、器具、设备的特性、操作方法及规范等，便于在今后的学习和工作中灵活运用。

 模块目标

1. 认识并掌握中式面点制作常用的设备与工具。
2. 正确掌握中式面点制作常用设备与工具的性能及其使用方法，并能熟练运用。
3. 随着社会的不断进步，各类设备与工具也不断更新，认识中式面点制作的现代化设备与工具。

本模块课件

18

中式面点制作的常用设备

项目描述

中式面点制作常用的设备有烤炉、蒸炉、炉灶、搅拌机、压面机、醒发箱、冰箱、电炸炉、操作台等。通过本项目的学习,使学生了解并掌握这些设备的性能、应用领域,以及使用、保养及维护方法。

项目目标

1. 认识并掌握中式面点制作常用的设备。
2. 正确掌握中式面点制作常用设备的性能及其使用方法,并能熟练使用。

一、烤炉

(一)烤炉的分类

烤炉是中式面点制作的常用设备,按结构形式可分为箱式炉和隧道炉;按使用热源可分为煤炉、煤气炉和电炉等;按食品在炉内的运动形式可分为烤盘固定式箱式炉、风车炉和旋转炉等。

(二)烤炉的性能、特点

烤盘固定式箱式炉炉膛内安装有若干支架,用以支撑烤盘,电热组件与烤盘相间布置,在烘焙过程中,烤盘内的食品与电热组件间没有相对运动。烤盘固定式箱式炉的特点是:体积小,使用灵活,烘焙范围大,但其内部温度、湿度分布不太均匀,会影响烘焙质量。隔层式烤炉则是将各层炉室隔开,彼此独立,每层烤炉的底火与面火分别控制,可实现多种制品同时进行烘焙。

箱式炉分电热式烤炉和燃气式烤炉两种。箱式电热式烤炉亦称远红外电烤箱,炉的内、外壁采用硬质铝合金钢板,保温层采用硅石填充,以远红外涂层电热管为加热组件,上下各层按不同功率排布,并装有炉内热风强制循环装置,使炉膛内各处温度基本均匀一致,炉门上装有耐热玻璃观察窗,可直接观察炉内烘烤情况,控制部分有手控、自动控温、超温报警、定时报时、电热管短路的显示装置,远红外加热是利用油、糖、蛋、面、水等物质构成的面点制品易于吸收红外线的特点,通过涂有远红外材料的加热组件,将一般的电能转变为远红外辐射能,直接照射到食品表面上,使温度迅速上升,水分蒸发,达到快速烘烤成熟的目的。箱式燃气式烤炉炉体外形与远红外电烤箱类似,有单层或多层,每层可放两个烤盘。每层上下火均有燃气装置,通过控制部分自动点火、控温、控制时间。利用煤气燃烧发热,提升炉内温度,使制品成熟。

(三)烤炉使用注意事项

(1)在工作过程中要注意烤炉的使用,避免被烫伤。严禁用手直接接触烤盘或烤制的食物,切勿使手触碰到加热器或炉腔其他部分。

(2)使用烤炉前,应先将上火、下火的温度设置好,电源指示灯亮,证明烤炉在工作状态。

（3）每次使用完待炉体冷却后再进行清洁。应该注意的是，在清洁箱门、炉腔外壳时应用干布擦抹，切忌用水清洗。遇较难清除的污垢时可用洗洁精轻轻擦拭。

（4）烤炉一定要摆放在通风的地方，不要太靠墙，便于散热。烤炉最好不要放在靠近水源的地方，因为工作的时候烤炉整体温度都很高，如果碰到水会形成温差。

传统烤炉

风热烤炉

二、蒸炉

（一）蒸炉的分类

蒸炉是中式面点制作的一种必备的工具。按供能方式的不同，蒸炉可分为煤蒸炉、燃气蒸炉、电蒸炉。煤蒸炉已经基本上退出市场，燃气蒸炉如今占据市场的主导地位，电蒸炉是近年来流行的一种新式蒸炉。

（二）蒸炉的性能及使用

蒸炉的工作原理是通过加热，使水快速变为 100 ℃ 的高温、高效、高能纯蒸汽，再用蒸汽直接加热、烹饪各式美食，能抑制食物营养成分流失，防止氧化变味。蒸炉的用途十分广泛，比如包子馒头店使用蒸炉蒸包子、蒸馒头等；再比如餐馆使用蒸炉来制作各种蒸制食品。

（三）使用蒸炉的注意事项

（1）蒸炉每次使用完之后一定要断电、关气；使用中，切勿离开、外出。

（2）每次使用前须检查各气源接头有无漏气，如有漏气应该停机，维修好后才能再次使用。蒸炉每次使用完后应该冲洗水箱内火管外的杂垢，保持清洁。

（3）蒸炉每天使用完后应冲洗水箱内部，清洗炉具时不要将水溅到开关和电路系统上，以免造成短路和危险。

大燃气蒸炉

小燃气蒸炉

电蒸炉

三、炉灶（灶台）

（一）炉灶的分类

传统的加热设备可概称为炉灶。炉灶是炉具的总称，是中餐制作中必不可少的一种设备，是用以烹饪的供热设备，分固定炉灶和可移动炉灶两类。固定炉灶，有土灶和砖灶两种，灶身由灶门、灶腔、灶台、灶眼及烟筒等组成，多以柴草为燃料，是古代烹饪的主要炉具。可移动炉灶个体较小，多以金属制成。中餐燃气灶可分为大气式和鼓风式。鼓风式燃气灶按使用气源可分为鼓风式液化石油气灶、鼓风式天然气灶和鼓风式人工煤气灶等；按燃烧器的燃烧方式可分为鼓风式后混型（燃烧时混入空气）燃气灶和鼓风式预混型（燃烧前混入空气）燃气灶；按用途可分为鼓风式中餐燃气炒菜灶（也称"中餐灶"）、鼓风式燃气蒸箱等。

（二）灶炉使用注意事项

（1）燃气有毒，又易爆炸，使用不当可能发生人身伤亡事故和火灾，使用时应注意安全。

（2）使用燃气灶时，人不要远离。如果发生泄漏或因偶然原因（风吹、水溢出等）火焰熄灭时，应立即关闭气源总开关，打开门窗，迅速通风换气，切记不要点火或开关电器，以防电火花引爆燃气。

（3）要先点火后放气，然后再坐锅。室内要通风，不要长时间关闭门窗。

鼓风燃气灶

大气风燃气灶

四、搅拌机

（一）搅拌机的性能及使用方法

搅拌机有卧式和立式两大类型。搅拌机搅拌桨旋转工作，将面粉、水等原料经搅拌混合形成胶体状态的团粒，再经搅拌桨的挤压、揉捏，进一步使团粒互相黏结在一起形成面团。在搅拌作用下，分布在面粉中的蛋白质胶粒吸水膨胀形成面筋，多次搅拌后形成庞大的面筋网，面粉中的淀粉、油脂、糖等物质均匀分布在面筋网络中，最终形成面团。目前使用较多的是多功能搅拌机。多功能搅拌机是中式面点制作的常用设备，集打蛋、和面、搅拌等功能于一身，一般配有花蕾形、钩形和扇形三种搅拌器。打蛋或奶油时，应选择花蕾形的搅拌器；搅拌馅料、糊状物料的时候，应选择扇形搅拌器；搅拌高黏度物料，如面包面团的时候，应选择钩形搅拌器。

（二）使用搅拌机的注意事项

（1）工作服、工作帽穿戴整齐。严禁头发、衣帽或其他饰品靠近搅拌机，以免发生危险。

（2）搅拌机在使用前，应开机空载1分钟左右，以确保机器正常使用。

（3）搅拌机在运行过程中，严禁用手触摸正在加工的物品。

（4）需要变换速度时,一定要先停机才能变换挡位更换速度。

（5）搅拌机运转过程中,人不能离开,人离机停。

多功能搅拌机

钩形　　　　花蕾形　　　　扇形

三种搅拌器

五、压面机

（一）压面机的原理及使用

压面机是把面粉与水搅拌均匀之后代替传统手工揉面的食品机械。压面机的工作原理是将定量面团放在下输送带上,开动机器,自动将面团输送到轧辊间,面团在输送带和轧辊作用下自动完成喂入和压面过程。压完后面团经上输送带自动传到下输送带。由于采用不同线速度,面皮自动完成折叠和输送、喂入,转下道工序,经过反复揉压达到理想压面效果。轧辊间隙调整是通过涡轮副和偏心机构实现厚薄无级可调,使用时可根据实际情况及面食工艺自行掌握。压面机可用于制作面条、云吞皮、糕点、面点等,压面机压制出的面条、面筋韧性强度大,耐煮,耐断,制品更加洁白。使用压面机可以大大缩短揉面的时间。

（二）使用压面机的注意事项

（1）操作者应熟悉所操作机器的工作原理、结构和性能,严禁非专业人员随意操作。

（2）压面机在使用前,应对滚压轮及各种附件根据需要在断电情况下进行安装调正,确认正确牢固时,方可运行。

压面机

（3）工作服、工作帽穿戴整齐。严禁头发、衣帽或其他饰品靠近压面机,以免物品卷入发生危险。

（4）压面操作时,严禁手指接近滚轮,不得在运转时用手送压面条及扣轮。

（5）使用完毕后切断电源,要对压面轮及其他可卸部件进行单独清洗,严禁用水冲洗带电设备。

六、醒发箱

（一）醒发箱的分类

醒发箱又称发酵箱,是制作膨松面团基本发酵和最后醒发使用的设备,能调节和控制温度和湿度,操作简便。醒发箱可分为普通电热醒发箱、全自动控温控湿醒发箱、冷冻醒发箱等。

（二）醒发箱的原理及使用

❶ **普通电热醒发箱**　采用电热管加热，强制循环对流，旋钮式温控器控制柜内温度，自来水管与醒发箱入水口相连，调节器调节进水间隔时间和每次进水量，即可自动入水加湿，并以此控制醒发箱的湿度，进入醒发箱内的水以喷雾的方式洒在电热片上，经汽化后进入发酵室，使箱内有足够的湿度。

醒发箱的外壳及门板内部有发泡材料可保温，门上有较大的玻璃观察窗，内部安装照明灯，醒发效果清晰可见。

❷ **全自动控温控湿醒发箱**　其有全自动微电脑触摸式控制面板，液晶数字显示器精确反映醒发箱内温度和湿度，能有效地控制发酵过程，使产品在最佳的环境中达到最佳的发酵效果。醒发箱内部有热风循环设计，使内部温度、湿度均匀一致，具有喷雾式加湿功能，湿度提升快，湿度调节非常简单，只需旋转湿度控制器的旋钮到要求的刻度，便能自动控制箱内的湿度。

加湿部分具有自动进水功能，以喷雾加热汽化的方式逐步达到湿度设定值，当达到设定湿度时，能自动保持该湿度。

控制板上有电源开关、照明开关、加湿指示灯、加热指示灯、温度控制器，控制板上的温度控制器直接显示实际温度，箱内温度可事先设定和调节。

❸ **冷冻醒发箱**　除具有全自动发酵的功能外，还具有定时制冷的功能。另外，冷冻醒发箱可单独作为醒发箱或冷藏柜。

（三）使用醒发箱的注意事项

（1）醒发的温度范围一般控制在 35～38 ℃。温度太高，面团内外的温差较大，醒发不均匀，导致面包成品内部组织不一致，有的地方颗粒细，有的地方颗粒粗糙。同时，过高的温度会使面团表皮的水分蒸发过度、过快，而造成制品表面结皮；而温度太低，醒发时间过长，会造成制品内部颗粒粗糙。

（2）通常醒发箱湿度为 70％～80％。湿度太大，制品表皮韧性过大，出现气泡，影响外观及食用口感；湿度太小，面团易结皮，制品表皮失去了弹性且色浅、欠缺光泽，有许多斑点。

（3）醒发时间以达到成品的 80％～90％为准，通常是 60～90 分钟。醒发过度，制品内部组织颗粒粗，表皮呆白，味道不正常（太酸），可存放时间缩短；醒发不足，制品体积小，顶部形成一层盖，表皮呈红褐色，边皮有燃焦现象。每个品种的正确醒发时间，只能通过实际试验来确定。

（4）使用醒发箱必须先确认水槽已加满水。湿度和温度的调节皆是相对值而非绝对值，因此必须视情况调整。

醒发箱

七、冰箱

冰箱是由压缩机、冷凝器、电子控温组件及箱体等构成的,主要用于对面点原料、半成品或成品进行冷藏保鲜或者冷冻加工,冷藏温度一般控制在 0～10 ℃,冷冻室的温度一般设定在－18 ℃以下,使用的时候应该根据冷藏及冷冻物品的性质、存放时间的长短和气候条件等因素加以调节。

立式冰箱

柜式冰箱

八、电炸炉

（一）电炸炉的原理及特点

电炸炉又称电炸锅、油炸锅、炸炉,由钢材制作而成。电炸炉通过磁场感应涡流的加热原理,利用电流通过线圈产生磁场,当磁场内部的磁力线通过底部时,立刻产生无数涡流,使器具本身自行高速发热,与此同时加热炉内的食物。

电炸炉的热效率较高,使用时安全洁净,无烟、无火、不怕风吹。当磁场内部磁力线通过非导磁物体时,不会产生涡流,不会产生热量,因此其他部位不会发热。由于人体为非导磁物体,因此不会发生被超导电热搅拌摇锅烫伤的危险,对使用者来说安全性极高。

触动电炸炉按钮便能实现炸筐升降、物料搅拌及锅体翻转,实现自动精确控温、控制搅拌速度及加热时间,解决在使用过程中各工艺参数依靠使用者经验来控制产品质量的问题,避免在使用过程中人为因素对产品质量的影响,提高了工艺的可控性,保证了产品质量。电炸炉具有节能、环保、安全、用油少、操作简单、炸制过程中不易粘锅及残渣便于清理的特点,是理想的油炸设备。

（二）电炸炉的使用及注意事项

（1）使用前,将网篮从锅内取出,用清水冲洗内锅、网篮,再用布将内锅表面水滴、杂物等擦干净。将需要油炸的食物放入网篮,放在旁边。

（2）向油锅内加入食用油,盖上盖子。使用时应坚持油锅内的油面高度大于 1/4 油锅深度。

（3）通电后升温至所需的温度时,温控器能自动切断电源,同时绿色指示灯熄灭,红色指示灯亮,电热管停止工作,锅内油温开始下降,当油温降到设定温度值时,温控器能自动接通电源,此时红色指示灯灭,绿色指示灯亮,电热管又工作,油温上升,如此反复循环,以保证油温在设定的温度范围内恒温。

（4）油平面最高不能超出"MAX"刻度线,最低不能低于"MIN"刻度线。加热器在加热时,操作人员不要离开,因加热器会连续断开循环加热。

（5）当温度升到设定温度时,将装好食物的网篮缓慢放入,使网篮和食物浸入油中,盖上盖子（在操作中可以用工具将食物搅匀）直到食物炸成需要状态。注意:在油炸食物时,不要沾水或把加湿的食物放至油锅内。

（6）使用完后，将调温按钮调于"关"位，再拔出电源插头。

九、操作台

（一）操作台的分类

操作台是指制作面点的工作台、案板，常见的有大理石操作台、不锈钢操作台、木质操作台和冷冻（藏）操作台等。

（二）操作台的特点及使用

❶ **大理石操作台** 台面为大理石板，具有表面光滑、平整，易于滑动、消毒的特点。

❷ **不锈钢操作台** 台面由不锈钢板制成，表面光滑平整，易于清洗，可代替大理石操作台使用，也常作为备用操作台。

❸ **木质操作台** 台面以枣木、枫木、松木、柏木等硬质木料制品为佳，厚度为 4～5 厘米，台面光洁平整，无缝隙，便于操作及清洁。木质操作台多用于制作传统的中式面点，如虾饺皮的制作等。

❹ **冷冻（藏）操作台** 操作台面为不锈钢面板，台面下设冷冻（藏）柜，可方便需冷冻（藏）的中式面点的成品和成品的制作。

不锈钢操作台是目前使用最多的操作台，主要用于揉面。其最大的特点就是不粘面。

电炸炉

木质操作台

大理石操作台

不锈钢操作台

冷冻（藏）操作台

中式面点制作的常用工具

项目描述

　　中式面点制作的常用工具较多,有量具、刀具、成型模具、烘烤模具和一些辅助工具等。通过本项目的学习,使学生掌握这些工具的性能,使用方法,以及保养及维护方法等。

项目目标

　　1. 认识并掌握中式面点制作常用的工具。
　　2. 正确掌握中式面点制作常用工具的性能及其使用方法,并能熟练使用。

一、量具

　　量具主要用于中式面点制作中固体和液体原辅料及成品重量的量取,原辅料温度、糖度等的测量以及产品大小的衡量等。中式面点中常用量具主要有以下几种。

（一）台秤

　　台秤又称盘秤,属弹簧秤,使用前应先归零。根据其最大称量值,有 1 kg、2 kg、4 kg、8 kg 等之分,最小刻度分量为 5 g。台秤主要用于中式面点原辅料和西点成品分量的称量。

台秤

（二）杆秤

　　杆秤是秤的一种,是利用杠杆原理来称量的简易衡器。杆秤由木制的带有秤星的秤杆、金属秤锤、提纽等组成。千百年来,手杆秤可算作华夏"国粹",其制作轻巧、经典,使用也极为便利,作为商品流通的主要度量工具,活跃在大江南北,代代相传。随着时代发展,电子秤开始普及,杆秤逐渐退出历史的舞台。

（三）电子秤

电子秤装有电子装置,利用重量传感器将物体重力转换成电压或电流的模拟信号,经放大和滤波处理后,转换成数字信号,再由中央处理器运算处理,最后由显示屏以数字方式显示出来的计量仪器。电子秤通过数字显示,可直接读出被称量物品重量,其操作简便,称量精确程度高,误差小。

杆秤

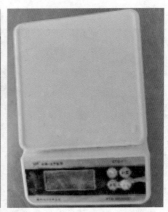

电子秤

（四）量杯

量杯主要用于液体的量取,如水、油等,量取方便、快捷、准确,其材质有玻璃、铝、塑胶等。

量杯

（五）量匙

量匙专用于少量材料的称取,特别是干性材料。量匙通常由若干个大小不同的组合成套,分大量匙、茶匙(小量匙)、1/2 茶匙及 1/4 茶匙,1 大量匙等于 3 茶匙。

（六）温度计

温度计可分水银温度计、酒精温度计和电子温度计等。水银温度计和酒精温度计通常用于液体温度的测量;电子温度计带有感应测试头,可以测量液体、室温以及面团、面糊等物料的温度,有温度提醒功能,耐高温,并能快速读取数据。

量匙

温度计

（七）量尺

量尺通常用来衡量产品的大小，并可用于产品制作的直线切割。在制作一些开酥类产品时经常用到，可使制品大小造型更统一。

二、刀具

（一）开酥刀

开酥刀一般使用桑刀，其刀面很长，刀刃很平，刀身上黑下白。相比片刀，桑刀更薄更轻。开酥刀主要在一些酥类产品开酥时使用，一般越锋利越好。

（二）拍皮刀

拍皮刀一般使用片刀。拍皮刀的特点是刀面积大，有适当的重量，落刀时在重力加速度的作用下，可以大幅提升精准的切割力。制作虾饺皮时必须使用拍皮刀。

（三）去皮刀

去皮刀由不锈钢制成，分为有锯齿和无锯齿两种，刀锋长度为 8～12 cm，一般用来去除水果皮或切割配料。去皮刀有木柄及塑料柄两种。

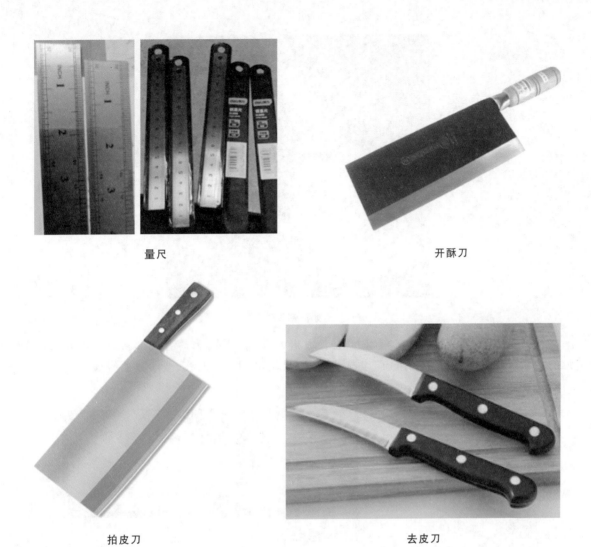

量尺　　　　　　　　　　　　　　　开酥刀

拍皮刀　　　　　　　　　　　　去皮刀

（四）刮刀

❶ **面团刮刀**　面团刮刀有倒三角形、半圆形和长方形，不锈钢刀身由不锈钢制成，主要用于生面团的切割、分份。

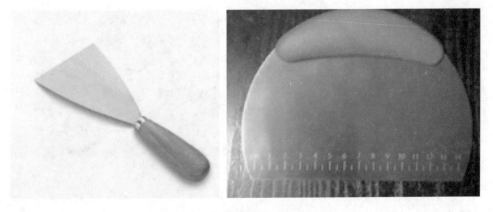

面团刮刀

❷ **奶油刮刀**　奶油刮刀一般由塑料制成，有长方形、半圆形、正方形等形状。奶油刮刀一般用于软生面团的切割，馅料的搅拌、清理，以及鲜奶油、黄油等软固体原料的盛放、清理等。

奶油刮刀

❸ **塑料刮刀**　塑料刮刀由塑料制成,有长方形、三角形、半月形等各式形状。一边或两边为锯齿形的主糕饼花边塑料刮刀可用于蛋糕侧边奶油、黄油的刮花。曲线、波浪形曲线塑料刮刀可用于花边条纹蛋糕坯的制作,以及巧克力装饰物制作等。

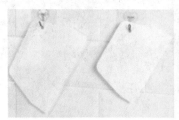  

塑料刮刀

❹ **轮刀**　轮刀又称为滚刀,主要用于起酥类、混酥类和发酵类面团的切边、切形等。轮刀一头为圆形可转动的不锈钢花边刀片,主要用于清酥、混酥生面坯的切割成型。

轮刀

三、成型模具

(一)切模

切模包括卡模、刻模、套模、花戳、花极等,是用金属材料制成的一种两面镂空、有立体图形的模具。使用时一手持切模的上端,在已经擀制成一定厚度的面团上用力按下再提起,使所取面片其与整个面片分离,即得一块具有卡模内形状的饼坯。刻模主要用于面片成型加工,以及花色点心、饼干成型等,刻模的规格大小、形状图案繁多,常见的有圆形、椭圆形、三角形、心形、五角星形、梅花形、菱形等。刻模以不锈钢制和铜制为佳,也有塑料制专用于饼干成型的饼干模。

切模

（二）月饼模具

制作月饼时一个重要的工艺就是压模。一般常见的月饼模具是木制手握倒扣式的,也就是说,提前把做好的月饼坯先倒扣在模具里,施力成型,再从模具中倒出。倒扣时用力要均匀,反面正面反扣即可把月饼取出来。其缺点是对饼皮的要求较高,操作方法也稍显烦琐,而且有些木制手握倒扣式月饼模具在使用一段时间后会出现开裂等情况。

按压式月饼模具是近几年非常流行的自制月饼工具。它由按压器及几何形雕花模片组成。按压式月饼模具使用方法非常简单,只需要把模具对准月饼轻轻一压,月饼坯就可以进入模具中,再用力一按即可成型。并且由于雕花模片是独立的,可以自由更换,因此也可以获得更多的图案和花形。按压式月饼模具虽然使用方法简单,但也有缺点。因为模具较深,如果月饼的厚度把握不准确的话,饼底距外口会留有一定距离,这样就需要将手伸进去把底弄平。另外在使用按压式月饼模具时,要注意雕花模片上的干粉是否充足,否则容易出现月饼连模片一起粘下来的情况。

月饼模具除可用于制作传统月饼外,还可以用于制作冰皮月饼、红豆糕等及其他糕类食品。

月饼模具

四、烘烤模具

烤盘是烘烤制品的主要模具,由白铁皮、不锈钢板等材料制成,有高边和低边之分,烤盘的大小是由炉膛的规格限定的。

五、其他辅助工具

中式面点辅助用具是用于原料处理、面团(面糊)调制、面皮擀制、馅料搅拌、上馅、涂油等操作的用具,常用的中式面点制作辅助用具有以下几种。

烤盘

（一）面粉筛

面粉筛又称面筛、筛网，主要用于干性原料的过滤，去除粉料中的杂质，使粉料蓬松，并且使原料粗细均匀。根据材质，面粉筛可分为尼龙筛、不锈钢筛、铜筛等；根据筛网孔眼大小，面粉筛有粗筛、细筛之分。

面粉筛

（二）擀面杖

擀面杖是一种烹饪工具，呈圆柱状，通过在平面上滚动制作各种面皮，是制作面条、饺子皮、馄饨皮、面饼等不可缺少的工具。擀面杖的种类很多，分为单手杖、双手杖、橄榄杖、花擀杖等。根据不同的制作需求选择不同的擀面杖。

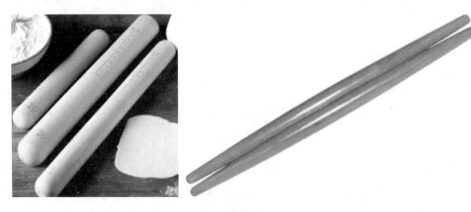

擀面杖

（三）走槌

走槌又称滚筒，其构造是粗大的擀面杖轴心有一个两头相通的孔，中间可插入一根比孔的直径略小的细棍作为柄。使用的时候，两手握住柄的两端，根据工艺需要向前、后、左、右任意方向推压。走槌主要用于擀制大量、大型的面皮。

走槌

（四）打蛋器

打蛋器又称打蛋帚、打蛋甩、打蛋刷，由铜或不锈钢制成，呈长网球状，有不同的大小规格，主要用于搅拌（搅打）蛋液、奶油、黏稠液体、面糊等。

打蛋器

（五）木勺

木勺又称木榴板、搅拌勺，前端宽扁或凿成勺形，柄较长，由木质材料或耐高温塑料材料制成。木勺有大小之分，可用来混合或搅拌（非搅打）物料。

（六）刷子

刷子有羊毛刷、棕刷、尼龙刷等，羊毛刷的刷毛较软，多用于刷蛋液、刷油；棕刷、尼龙刷的刷毛较硬，适用于刷烤盘、模具等。

（七）馅挑

馅挑主要用于包馅料，又称馅料棒、包馅匙。在中式面点制作中馅挑用于各种馅料的包制成型。馅挑是制作包子、饺子、烧卖等中式面点不可缺少的一种工具。

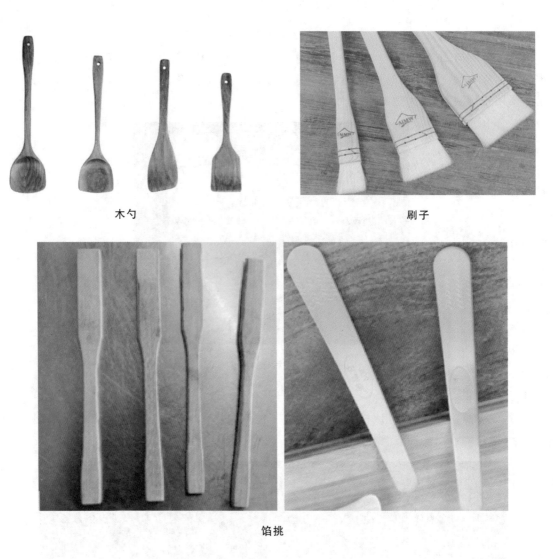

木勺

刷子

馅挑

六、中式面点常用工具的保养和维护

（1）工具不能乱用、乱堆、乱放，使用过后，应根据不同类型分别定点存放，不可混放在一起。如擀面杖、网筛、布口袋不能与刀、剪等利器存放在一起，否则易使擀面杖受损，网筛、布口袋被扎破。

（2）铁制、钢制工具存放时，应保持干燥清洁，以免生锈。

（3）工具使用后，对附在工具上的油脂、糖膏、蛋糊、奶油等原料，应用热水冲洗和擦干。特别是直接接触熟制品的工具，要经常保持清洁和消毒，生食和熟食的工具必须分开保存和使用，否则会造成食品污染。

中式面点的新兴设备与工具

项目描述

　　随着人们生活水平的日益提高，人们对于自身的生活品质更加重视，对饮食的健康营养也有了较高的要求，生活中到处充满着智能化的气息，智能化的厨房设备就是今后的发展趋势，是现代化的体现。本项目介绍一些新型的厨房设备供学生认识、了解。

项目目标

　　1. 正确掌握中式面点制作中新兴设备与工具的性能及其使用方法，并能熟练运用。
　　2. 随着社会的不断进步，各类新兴设备与工具逐渐更新，认识中式面点制作中的现代化设备与工具，并能熟练使用。

一、恒温燃气灶

　　恒温燃气灶彻底颠覆了传统的烹饪方式，整个锅底有电磁波精确温度监测，在火力方面，根据温控要求，自适应智能调节火力，让食物在烹饪过程中保持最佳烹饪温度，均匀且合理。该产品精准定时、自动断火的功能可以实现智能烹饪，即使在无人监管的情况下也不会出现食物过度烹饪的情况。恒温燃气灶以无油烟、能保存更多食物营养、更节能环保、更安全可靠、更易清洁等优越性能，深受消费者的喜爱。

二、空气炸锅

　　油炸食物因其酥脆的口感，深受现代人的喜爱。但油炸食品在炸制过程中，易产生有毒的潜在致癌性物质，对人们的健康很不利，不符合现代人健康饮食的观念，而空气炸锅就可以解决这一问题。空气炸锅是完全区别于传统烤箱的新品类，是用空气替代原本煎锅里的热油，用对流热风加热，以热风在密闭的腔体内形成急速循环热流，使食物变熟；同时内部循环系统可带走食物表层的水分，让食物口感更加酥脆。

空气炸锅

三、万能烤箱

现在很多餐厅都在使用万能烤箱,特别是西餐厅或是日式餐厅。万能烤箱可以烹调多种菜肴,有蒸、煮、烤、风干等功能,智能化控制干湿度,在使用的整个过程中温度及湿度都不会变化。万能烤箱的风力是风热型的,不仅使食物受热均匀,成品卖相及口感好,还可以省时省电,节省劳动力,真正做到智能化。

万能烤箱

理论、技能
知识点
评价表

📥 项目小结

通过本模块的学习,使学生认识并熟悉掌握中式面点制作过程当中常见的工具、器具、设备的特性、操作方法及规范等,便于学生在今后的学习和工作中灵活运用。

模块三

面点原料知识

本模块课件

→ **模块描述**

我国幅员辽阔、物产丰富,用以制作面点的原料非常多,几乎所有的主粮、杂粮以及大部分可食用的动、植物都可以作为原料。

小麦是我国主要粮食作物之一,我国栽培小麦已有几千年的历史,是世界上栽培小麦最多的国家。我国小麦主要分布在长江以北地区,其中以河南、山东、河北等省产量较多。随着经济、科技的发展,用来制作面点的原料不断得到扩充。只有熟悉原料的性质、特点、营养成分以及它们的作用和用法,在实际操作中才能正确选择原料,合理使用原料,使成品的质量得到保证。

→ **模块目标**

1. 了解面点原料的分类、性质和特征。
2. 了解面点原料的作用和各自的功效。
3. 熟练掌握面点原料的使用。
4. 通过学习能够挖掘更多的面点原料。

一、皮坯原料

（一）面粉

面粉是小麦经加工磨制而成的粉状物质。经过制粉工艺加工,麦麸、麦胚和胚乳分离,胚乳磨细制成人们食用的面粉。面粉在面点制作中用量较大,用途也较为广泛。

面粉

❶ **面粉的种类** 目前市场供应的面粉可按等级、筋度和用途分类。按等级(按加工精度的不同而分类)划分,面粉可分为特制粉、标准粉、普通粉;按筋度(蛋白质的含量)划分,面粉可分为高筋粉、中筋粉、低筋粉、无筋粉。

针对不同的面点制品品种,在加工特制粉时加入适量的化学添加剂或采用特殊处理方法制出的粉具有专门的用途,可满足不同制品的要求,成品效果好,这是近年来迅速发展起来的面粉新品种,其种类很多,如面包粉、自发粉、水饺粉等。

（1）按等级划分。

①特制粉:特制粉加工精度高,色泽洁白,颗粒细小,含麸量少,如花色蒸饺、翡翠烧卖、酥盒、莲花酥、耗油叉烧包等均采用特制粉。

②标准粉:标准粉加工精度较高,颜色稍黄,颗粒较特制粉粗,含麸量也多于特制粉,用标准粉调制的面团筋度低于特制粉,适宜制作大众化面点品种。

③普通粉:普通粉颜色比标准粉黄,颗粒较粗,含麸量多于标准粉,现在许多厂家已不加工普通粉。

（2）按筋度划分。

①高筋粉:高筋粉的特性是筋度高,延展性和弹性高,颜色较深,本身较有活性且光滑,手抓不易成团。高筋粉适宜制作面包、拉面、起酥糕点和泡芙等。

②中筋粉:中筋粉的特性是筋度中等,延展性和弹性低于高筋粉,颜色乳白,介于高筋粉和低筋粉之间,手抓半松散。许多中式面点采用中筋粉,制作一般家庭面食时也可以使用。

③低筋粉:低筋粉的特性是筋度低,颜色较白,手抓易成团。因蛋白质含量低,麸质含量较少,筋性亦弱,所以比较适合做糕点、饼干等蓬松酥脆口感的西点。

④无筋粉:无筋粉主要指的是玉米淀粉、小麦淀粉、洋芋淀粉等,主要用于配合其他粉质,粘黏性较强。

（3）按用途划分。

在特制粉的基础上,加食用膨松剂、食用增白剂及其他成分,精工制作而成的有专门用途的面粉,称为专用粉。专用粉可满足不同制品的要求,成品效果好,是近年来迅速发展起来的面粉新品种,其种类很多。

①自发粉:在蛋白质含量较低的粉质麦制成的普通粉中,按一定比例添加碳酸氢钠和磷酸氢钙等所得成品即为自发粉,其成分准确,膨胀效果好。

②水饺粉:水饺粉是将优质小麦碾磨后加入氧化苯甲酰加工而成,粉质洁白细腻,蛋白质及面筋质含量高,加水和成面团具有较好的耐压强度和良好的延展特性,不仅可制成皮薄耐煮的水饺皮,还可用于制作面条、馄饨等。

③面包粉:面包粉是由角质多、蛋白质含量高的小麦加工而成的,可制成松软、富于弹性、体积大的面包。

④汤用粉:汤用粉是粉质麦经高压蒸汽加热 2 分钟后再制成的粉。经高压蒸汽的处理,面粉中的酶失去活性,破坏了面筋质,因而面粉不黏,并有很高的吸水能力。

⑤营养面粉:营养面粉是指在面粉中加入各类营养素(如维生素、矿物质)或麦芽之类的面粉。

⑥全麦面粉:全麦面粉由整粒麦子碾磨而成,而且不筛除麸皮,包含麦胚和胚乳。全麦面粉含有丰富的蛋白质、纤维素、维生素 B_1、维生素 B_2、维生素 B_6 及矿物质等,具有较高的营养价值。100%全麦面粉做出来的面包体积较小,组织也较粗,面粉的筋度不够。

面粉制品是我国黄河流域及其以北地区的主粮,可制作多种面食,如馒头、花卷、饼、面条、蒸包、水饺等,某些面粉经加工制成的原料(如面筋)是制作菜肴的主要原料,面粉还是制糊的主要原料之一。面粉富含蛋白质、糖类、维生素和钙、铁、磷、钾、镁等矿物质,有养心益肾、健脾厚肠等功效。

❷ **面粉的化学成分及性质** 面粉的特性,取决于其所含的化学成分。面粉主要是由蛋白质、碳水化合物、脂肪、矿物质和水组成,其中蛋白质、碳水化合物含量的高低决定了面粉的性质。不同的面粉,其各种成分的含量及成分的组成也不完全相同。

（1）蛋白质。

①面粉中蛋白质的种类。面粉含有 9%～13% 的蛋白质,其种类主要有四种,即麦胶蛋白、麦谷蛋白、麦清蛋白和麦球蛋白。其中,麦胶蛋白和麦谷蛋白含量达 82% 以上,它们是形成面筋的主要成分,故又称面筋蛋白。

面粉中蛋白质的重要性,不单纯表现在营养价值上,更重要的是它吸水膨胀形成面筋,影响着面点制作的全过程以及制品的质量。

②面筋。面粉加水揉成面团充分上劲后,在水中揉洗除去淀粉和麸皮等微粒,得到一种浅灰色柔软而富有弹性的胶状物,这种胶状物就是面筋。面筋是蛋白质吸水膨胀形成的。面筋含水量在 65%～75% 的称湿面筋。湿面筋烘干去除水分,称干面筋。面筋主要是由麦谷蛋白和麦胶蛋白组成。面筋具有延伸性、韧性、弹性、可塑性等物理性质。面筋是影响面团工艺性能和制品质量的重要物质。

在一定条件下,使面筋蛋白质充分吸水,有利于面筋的生成。影响面筋生成率的因素如下。

a.温度:在 30 ℃时,面筋蛋白质的吸水率可达 150%～200%,所以,和面时将水温控制在 30 ℃左右,不仅有利于提高面筋生成率,而且面筋力度大、柔韧性好。温度在 70 ℃以上时,由于蛋白质的热变性,面筋便失去固有的物理性质。

b.静置时间:质地正常的面粉,其面筋的生成率随着面团静置时间的延长而略有提高。因为面筋蛋白质充分吸水生成面筋通常需要15～20分钟。

c. 糖：食糖、饴糖都具有吸水性和渗透性。当面团中的糖达到一定浓度时具有较高的渗透压，不仅能吸收面团中的游离水，而且能占据蛋白质与淀粉分子间一定的空间，把蛋白质、淀粉已吸收的水分排出去，这就会降低蛋白质的吸水性能，影响面筋生成率。

d. 油脂：油脂具有疏水性。在调制油酥面团时，油脂加入面粉中，易在面粉颗粒的表面形成一层油膜，阻碍水分子向蛋白质胶粒内部渗透，使面筋蛋白质不能吸水生成面筋，从而降低了面筋生成率。

e. 添加剂：食盐、明矾、食碱不仅能提高面筋的生成率，而且能提高面筋的质量，故行业中有"碱是骨头、盐是筋"之说。

（2）碳水化合物。碳水化合物是面粉的主要成分，占面粉总量的70％～80％，它包括可溶性糖、纤维素和半纤维素、淀粉。

①可溶性糖。面粉中含有1％～1.5％的可溶性糖，包括蔗糖、麦芽糖和葡萄糖。面粉中的可溶糖在面团发酵中可直接被酵母利用，有利于发酵。

②纤维素和半纤维素。它们是构成麸皮的主要成分。特制粉中麸皮含量少，色白、细腻；低级粉中麸皮含量多，色黄、口感粗。

③淀粉。面粉中含70％～75％的淀粉，小麦淀粉含24％的直链淀粉、76％的支链淀粉。小麦淀粉不溶于冷水，开始糊化的温度是65 ℃，当淀粉糊化后，淀粉颗粒吸水膨胀破裂，吸水量增加，黏性增大。

小麦淀粉经漂白干燥，制得的粉称为澄粉。澄粉具有色白、细腻的特点。澄粉由于不含面筋，用冷水和面黏性差，一般宜用热水调制面团，所调制的面团称澄面，具有色泽洁白、半透明、可塑性好的特点，常用于制作笋尖鲜虾饺、莲蓉晶饼、三丁水晶包以及捏花点缀等。澄粉制品具有细腻柔软、口感嫩滑、洁白透明、成型稳定的特点。澄粉还可以与面粉掺和使用，起到降低面团筋度的作用。

稻米粉

（二）稻米粉

稻米粉也称米粉，是由稻米加工而成的粉状物，是制作粉团、糕团的主要原料。

① 稻米粉的分类

（1）按米的种类分类，稻米粉可分为糯米粉、粳米粉、籼米粉三种。

①糯米粉：又称为江米粉，根据品种的不同，糯米粉可分为粳糯米粉和籼糯米粉。粳糯米粉柔糯细滑，黏性大，品质好；籼糯米粉粉质粗硬，黏糯性小，品质较次。糯米粉的用途很广，制作的成品软滑、糯香，如年糕、汤圆等。

②粳米粉：粳米粉的黏性次于籼糯米粉，一般将粳米粉和糯米粉按一定的比例配合使用，制作糕团或粉团。

③籼米粉：籼米粉的黏性小、涨性大，这是因为其所含的直链淀粉相对少，可制作水塔糕、萝卜糕、芋头糕等，还可以制作发酵面团，如米糕、广东糕等。

（2）按照加工方法分类，稻米粉可分为干磨粉、湿磨粉、水磨粉三种。

①干磨粉：用各种米直接磨成的粉。其优点是含水量少，保管、运输方便，不易变质；缺点是粉质较粗，成品滑爽性差。

②湿磨粉：制湿磨粉时将米淘洗、浸泡涨发、控干水分后磨制成粉。湿磨粉的优点是较干磨粉质

感细腻,富有光泽;缺点是磨出的粉需干燥才能保存。

③水磨粉:将米淘洗、浸泡、带水磨成粉浆后,经压粉沥水、干燥等工艺制成水磨粉。水磨粉的优点是粉质细腻,成品柔滑,用途较广;缺点是工艺较复杂,含水量大,不宜久存。

❷ **稻米的化学成分**　稻米(大米)所含的蛋白质、淀粉和脂肪等化学成分与小麦基本相同,但是两者所含蛋白质和淀粉性质却有很大的区别。

面粉中所含的蛋白质是能吸水生成面筋的麦谷蛋白和麦胶蛋白;而稻米粉所含的蛋白质则是不能生成面筋的谷蛋白和谷胶蛋白。所以米粉面团无面筋力,不利于擀制和抻拉,也不利于保存,不宜做发酵制品。

稻米粉所含淀粉的比例虽然和面粉所含淀粉的比例大致相同,但不同种类的稻米粉其支链淀粉和直链淀粉的比例有差异,由于支链淀粉糊化后黏性很大,直链淀粉糊化后黏性较小,因此,糯米粉成熟后黏性最大,粳米粉黏性次之,籼米粉黏性最小。

（三）玉米粉

玉米粉是由玉米去皮精磨而成的。玉米粉粉质细滑,糊化后吸水性强,易于凝结。玉米粉可以单独用来制作面食,如窝头、饼等。玉米粉含 26％的直链淀粉、74％的支链淀粉。由于玉米淀粉中直链淀粉和支链淀粉的含量与小麦淀粉差不多,所以玉米淀粉与面粉掺和使用,可作为降低筋力的填充原料,如在制作蛋糕、奶油曲奇中使用。

（四）豆粉

常见的豆粉有绿豆粉、赤豆粉、黄豆粉等。

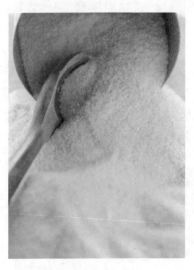

玉米粉

绿豆粉

❶ **绿豆粉**　绿豆粉的加工是将绿豆拣去杂质,洗净入锅煮至八成熟,使豆粒涨发去壳,控干水分,用河沙拌炒至断生微香,筛去河沙磨粉而成。选用的绿豆以色浓绿、富有光泽、粒大而整齐者较好。绿豆粉可用来做绿豆糕、豆皮等,也可作为制馅原料,如用于制作豆蓉馅。

❷ **赤豆粉**　将赤豆拣去杂质,洗净煮熟,去皮晒干,磨成粉,即成赤豆粉。赤豆粉直接用于面点制品的不多,常用于制作豆沙馅。豆沙馅的制作过程是将赤豆拣去杂质,洗净,加少许碱煮至酥烂,揉搓去皮,过筛成豆泥,再加糖、油炒制而成。

❸ **黄豆粉**　黄豆粉具有较高的营养价值,通常与米粉、玉米粉等掺和后制成团子及糕、饼等面点。

（五）其他粉

❶ **小米粉** 小米粉可制成窝头、煎饼、丝糕等，还可以加工成米粉制作小吃。小米粉与面粉掺和后可制成各式发酵食品。

❷ **番薯粉** 番薯粉又称山芋粉、红薯粉，色泽灰暗，口感爽滑，番薯粉成熟后具有较强的黏性，使用时常与澄粉、米粉掺和才能制作各类面点，可将淀粉多的番薯蒸酥烂后捣成泥，与澄面掺和制成面点，如薯蓉系列面点。

小米粉

番薯粉

❸ **马铃薯粉** 马铃薯粉色洁白、细腻，吸水性强，通常与澄面、米粉掺和使用，也可以作为调节面粉筋度的填充原料。马铃薯蒸熟去皮捣成泥后，与澄面掺和制成面点，如生雪梨果、莲蓉铃蓉角等。马铃薯泥与白糖、油炒制可制成铃蓉馅。

❹ **马蹄粉** 马蹄粉是用马蹄（也称荸荠）为原料制成的粉。马蹄粉具有细滑、吸水性好、糊化后凝结性好的特点，通常用于制作马蹄糕系列面点，如生磨马蹄糕、九层马蹄糕、橙汁马蹄卷等。马蹄粉也是质量上乘的烹调淀粉。

马铃薯粉

马蹄粉

❺ **荞麦粉** 荞麦又称乌麦、三角麦。荞麦生长期短，春秋季都可以播种。我国荞麦主要产地在西北、东北、华北、西南等地，以北方地区较为多。荞麦是优良的补种作物和蜜源植物。

荞麦粉可作为主食，也可与面粉掺和制作扒糕、饸饹、面条、面片、饼子等食品。西北地区有著名小吃荞麦饸饹，东北民间有荞麦饺子，朝鲜族的冷面也要掺入部分荞麦粉。

荞麦中的蛋白质、硫胺素、核黄素、铁等较丰富。中医认为荞麦味甘、性凉，有开胃宽肠、下气消积等功效。

⑥ **燕麦粉** 燕麦又称皮燕麦,成熟时内外壳紧包籽粒,不易分离,在我国西北、东北及内蒙古一带牧区种植较多,是当地的粮食品种之一和重要的牲畜饲料。

燕麦蒸熟(不宜煮)后磨粉,即为燕麦粉,可用于制作小吃、点心、面条等,也可加工成燕麦片,燕麦片含有大量的可溶性纤维素,对降低和控制血糖以及血中胆固醇的含量均有明显的作用。

荞麦粉   燕麦粉

⑦ **莜麦粉** 莜麦也称裸燕麦、油麦等。莜麦与燕麦相似,区别在于成熟时籽粒与外壳分离,籽粒质软皮薄。莜麦在我国西北、东北、西南及内蒙古等地多有栽培。莜麦可分为夏莜麦和秋莜麦两种。

莜麦粉可加工成各类莜麦食品,可蒸、炒、烩、烙等。莜麦是高热量耐饥饿食物,蛋白质的含量高,所含氨基酸种类全,脂肪含量也很高。

⑧ **青稞粉** 青稞又称裸大麦、元麦,是大麦的一类变种。青稞主要产于青海、西藏、四川、云南等地。

青稞粉比较粗糙,色灰暗,口感发黏,可制馍、饼、面点等,是我国藏族人民的主食。藏族人民常将青稞炒熟磨成粗粉,拌以奶茶、酥油制成糌粑食用,还常用青稞酿制青稞酒。

中医认为,青稞味咸、性凉,有下气宽中、壮筋益力、除湿发汗、止泻等作用。

二、辅助原料

(一)糖

糖是制作面点的重要原料之一,糖除了作为甜味剂使面点具有甜味外,还能改善面团的品质,面点制作中常用的糖可分为食糖、饴糖两类。

❶ **食糖** 食糖主要由甘蔗和甜菜榨制加工而成。食糖主要有白砂糖、绵白糖、红糖、冰糖等。

(1)白砂糖。白砂糖为机制精糖,纯度很高,糖含量在99%以上,是用途最为广泛的食糖,白砂糖以晶粒均匀一致、颜色洁白、无杂质、无异味为优,用水溶化后糖液清澈。白砂糖根据晶粒大小,可分为粗砂糖、中砂糖、细砂糖三种。由于白砂糖颗粒粗硬,如用于含水量少、用糖量大的面团调制时,应需改制成糖粉或糖浆使用,否则会出现面团结构不均匀或烘烤、油炸后制品表面有斑点。

(2)绵白糖。绵白糖为粉末状的结晶糖,具有色泽雪白、杂质少,质地细腻绵软、溶解快的特点。绵白糖可直接加入面团中使用,常用于含水量少、用糖量大的面点中,如核桃酥、开花馒头、棉花杯等品种。

(3)红糖。红糖也称黄片糖,由于制作中没有经过脱色及净化等工序,结晶糖块中含有糖蜜、色素等物质,因此红糖具有色泽金黄、甘甜味香的特点。在面点制作中,红糖需溶成糖水、过滤后再使用,红糖能起到增色、增香的作用,如在年糕、松糕、蕉叶粑等面点的制作中使用。

青稞粉

白砂糖

绵白糖

红糖

（4）冰糖。冰糖是白砂糖重新结晶的再制品，外形为块状的大晶粒，晶莹透明，很像冰块，因此而得名。冰糖纯度高，味清甜纯正，一般用于制作甜羹或甜汤，如银耳雪梨盅、菠萝甜羹等。

❷ 饴糖 饴糖又称糖稀、米稀。它是以谷物为原料，蒸熟后加入麦芽酶发酵，使淀粉糖化后浓缩而制得。饴糖是一种浅色、半透明、具有甜味、黏稠的糖液，根据浓缩程度不同又有稀稠之分，使用时应根据其稀稠度掌握用量。

饴糖在高温时容易焦化，因此在烘烤、油炸制品中加入少量饴糖，能使制品红润、光亮。饴糖具有良好的持水性，它可以保持面点制品的柔软性。

饴糖由于水分含量高，且含有淀粉酶、麦芽酶，在环境温度较高时容易发酵变酸，因此浓度低的饴糖不宜久置。

❸ 糖在面点中的作用

（1）增进面点的色、香、味、形。糖除了使制品具有甜味外，在烘烤或油炸时，由于糖的焦化作用，能使制品表面形成美观的金黄色或棕黄色，并产生诱人的香味。糖还可以改善制品的组织结构，冷却后使制品外形挺拔，起到支撑作用，并有酥脆感。

（2）调节面筋的胀润度。面团筋力大小，除了取决于面粉面筋蛋白质含量外，还取决于面团中面筋蛋白质吸水胀润的程度。在调制面团时适量地添加糖，利用糖的易溶性和渗透压，可影响面筋蛋白质的吸水膨胀，起到调节面筋胀润度的作用，使面团具有可塑性，防止制品收缩变形。

（3）调节发酵速度。在发酵面团中，加入适量的糖，能供给酵母菌营养，促进发酵。但如果用糖

Note

冰糖

饴糖

量超过 30％时，由于糖液的渗透压，会使酵母菌生长繁殖受到抑制。所以，糖可以起到调节发酵速度的作用。

（4）能提高制品的营养价值。糖能迅速被人体吸收，1 g 糖可产生 16.74 kJ 的热量，可有效地消除人体的疲劳，补充人体的需要。

（5）延长制品的存放期。糖具有防腐性，当糖溶液达到一定浓度时，由于有较高的渗透压，能使微生物脱水，发生细胞的质壁分离，产生生理干燥现象，从而抑制微生物的生长繁殖。

（二）食用油脂

油脂在面点制作中具有重要的作用，不仅能改善面团的结构，而且能提高制品的风味。面点制作中常用的食用油脂可分为动物性油脂、植物性油脂和加工性油脂。

❶ 动物性油脂　动物性油脂是指从动物的脂肪组织或乳中提取的油脂，具有熔点高、可塑性好、流散性差、风味独特等特点。动物性油脂主要品种有猪油、奶油、鸡油、羊油和牛油。

（1）猪油。猪油又称大油、白油，是将猪的皮下脂肪或内脏脂肪等脂肪组织加工炼制而成。猪油常温下为软膏状，呈乳白色或稍带黄色。猪油低温时为固体；高于常温时为液体，有浓郁的猪脂香味。直接用火蒸炼提取的猪油，由于含有血红素，易氧化酸败，宜低温存放。深加工的猪油具有色泽乳白、可塑性好、使用方便等优点，但猪脂香味略差。

猪油是面点制作中的重要辅助原料之一。猪油起酥效果好，用猪油制作的油酥面团层次分明，成品酥松适口、吃口香酥。用猪油调馅，不但馅心明亮滋润，而且调出的馅心香味浓郁、醇厚。

（2）奶油。奶油也称黄油，是从动物乳中分离出来的脂肪和其他成分的混合物。奶油色淡黄，常温下为固态，具有浓郁的奶香味，易消化，营养价值高。用奶油调制面团，面团组织结构均匀，制品松软可口。

猪油

奶油因含水分较多，是微生物的良好的培养基，在高温下易受细菌和霉菌的污染。此外，奶油中的不饱和脂肪酸易氧化酸败，故奶油要低温保存。

（3）鸡油。鸡油往往通过自行提取的方法获得：一是将鸡体内的脂肪组织加水用中火慢慢熬炼；二是放在容器内蒸制。鸡油色泽金黄、鲜香味浓，利于人体消化吸收，有较高的营养价值。由于鸡油来源少，一般用于调味或增色，如鸡油马拉糕、鸡油馄饨、鸡油面条等面点的制作。

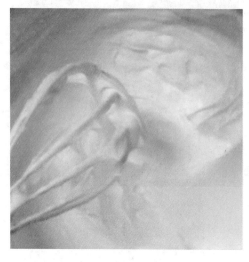
奶油

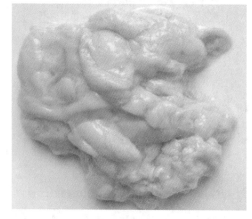
鸡油

（4）牛油和羊油。牛油和羊油是牛和羊体内的脂肪组织及骨髓经提炼而得。牛油和羊油的熔点高，故常温下为硬块，未经脱臭时有令人不愉快的膻味，不易被人体消化吸收。牛油和羊油在未进行深加工前，使用不多，一般作为工业制皂的原料。

❷ 植物性油脂　植物性油脂，即植物油，是从植物的种子中榨取的油脂。榨取油脂的方法有两种：一是冷榨法，其油的色泽较浅，气味较淡，水分含量大；二是热榨法，其油的色泽较深，气味浓香，水分含量少，出油量大。常见的植物油有花生油、菜籽油、豆油、茶油、芝麻油等。

（1）花生油。花生油是花生仁经加工榨取的油脂。纯正的花生油透明清亮，色泽淡黄，味芳香，常温下不混浊，温度低于 4 ℃时，稠厚混浊，变为乳黄色。花生油味纯色浅，用途广泛，可调制面团、调馅或作为炸制油。用花生油炒制出的甜馅，油亮味香，如豆沙馅、莲蓉馅等。

（2）菜籽油。菜籽油是油菜籽经加工榨取的油脂。菜籽油按加工精度可分为普通菜籽油和精制菜籽油。普通菜籽油色深黄略带绿色，菜籽腥味浓重，不宜用于调制面团或作为炸制油。精制菜籽油经脱色脱臭精加工而成，油色浅黄、澄清透明，味清香，可用于调制面团或作为炸制油。

菜籽油是我国主要食用油之一，是制作色拉油、人造奶油的主要原料。

（3）豆油。豆油是从大豆中榨取的油脂。粗制的豆油为黄褐色，有浓重的豆腥味，使用时可将油放入锅内加热，投入少许葱、姜，略炸后捞出，去除豆腥味。精制的豆油呈淡黄色，可直接用于调制面团或炸制面点。豆油的营养价值比较高，亚油酸的含量占所含脂肪酸的 52%，几乎不含胆固醇，在体内消化率高，长期食用对人体动脉硬化有预防作用。

（4）茶油。茶油是油茶树结的油茶果仁经加工榨取的油脂。油茶果仁在我国南方丘陵地区产量较多。茶油的榨取一般采用热榨法。茶油呈金黄色，透明度较高，具有独特的清香味。茶油用于烹调，可以起到去腥、去膻的作用。茶油一般不适用于调制面团或炸制面点。

（5）芝麻油。芝麻油又称麻油、香油，是芝麻经加工榨取的油脂。芝麻油按加工方法的不同分为大槽油和小磨香油。大槽油是以冷榨的方法制取的，油色金黄，香气不浓。小磨香油是采用我国传统的制油方法——水代法制成的，大致方法是将芝麻炒香磨成粉，加开水搅拌，震荡出油。小磨香油呈红褐色，味浓香，一般用于调味增香。

除以上介绍的植物油外，面点制作中常用的植物油还有玉米油、椰子油、可可脂等。

菜籽油

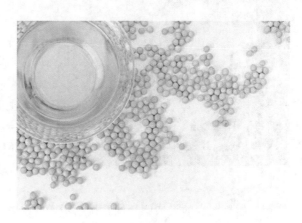

豆油

茶油

❸ **加工性油脂**　加工性油脂是指将油脂进行二次加工所得到的产品,如人造奶油、起酥油、人造鲜奶油、色拉油等。

（1）人造奶油。人造奶油是由氢化植物油、乳化剂、色素、食盐、赋香剂、水等经乳化而成。人造奶油是奶良好的代用品,具有良好的乳化性、起酥性、可塑性,有浓郁的奶香味,常用于制作西式面点。人造奶油与天然奶油相比,不易被人体消化吸收。

芝麻油

人造奶油

（2）起酥油。起酥油是以植物油为原料,经氢化、脱色、脱臭后形成可塑性好、起酥效果好的固

起酥油

体油脂。起酥油是将植物油所含的不饱和脂肪酸氢化为饱和脂肪酸,使液态的植物油成为固态的起酥油。起酥油分为低熔起酥油和高熔起酥油,可根据不同的面点选用。

(3)人造鲜奶油。人造鲜奶油也称"鲜忌廉""忌廉",主要成分是氢化棕榈油、山梨酸醇、单硬脂酸甘油酯、大豆卵磷脂、发酵乳、白砂糖、精盐、油香料等。人造鲜奶油应储藏在−18 ℃以下,使用时在常温下稍软化,先用搅拌器(机)慢速搅打至无硬块后再改为高速搅打,至体积胀发为原体积的10~12倍后改为慢速搅打,直至组织细腻、挺立性好即可使用。搅打胀发的人造鲜奶油常用于蛋糕的裱花、各式面点的点缀和灌馅。

(4)色拉油。色拉油由植物油经脱色、脱臭、脱蜡、脱胶等工艺精制而成。色拉油清澈透明,流动性好,稳定性强,无不良气体,要求在0~4 ℃放置无混浊现象。色拉油是优质的炸制油,炸制的面点色纯、形态好。

❹ 油脂在面点中的作用

(1)能降低面团的筋力和黏着性,有利于成型。油脂具有疏水性。油脂加入面粉后,易在面粉颗粒表面形成一层油膜,阻碍水分子向蛋白质胶粒内部渗透,使面筋蛋白质不能完全吸水生成面筋,影响面筋的生成率,可避免制品在成型及成熟过程中收缩变形。

(2)使制品酥松、丰满、有层次。油脂在面粉颗粒表面形成的油膜,阻止了蛋白质及淀粉吸水,降低了它们之间的结合力,使面粉颗粒之间有一定的空隙。当制品受热时,空隙就会膨胀,使制品酥松、丰满。

(3)增进风味,使制品光滑油亮。

(4)利用油脂的传热特点,使制品产生香、脆、酥、嫩等不同味道和质地。

(5)能提高制品的营养价值,为人体提供热量。1 g油脂可产生37.67 kJ的能量,还可供给人体各种脂肪酸、磷脂、维生素A、B族维生素、维生素E等。

(6)降低吸水量,延长制品的存放期。

(三)蛋

用于制作面点的蛋以鲜蛋为主,包括鸡蛋、鸭蛋等各种禽蛋,其中鸡蛋起发力好、凝胶性强、味道鲜美,在面点制作中使用最广泛。蛋由蛋壳、蛋白、蛋黄三个部分构成,其中蛋壳约占总重的11%、蛋白约占58%、蛋黄约占31%。

❶ 蛋的特性

(1)蛋白的起泡性。蛋白是一种亲水胶体,呈碱性,具有良好的起泡性,在调制物理膨松面团中具有重要的作用。打蛋白是调制蛋泡面团的重要工序,泡沫的形成受到许多因素的影响,如蛋的新鲜度、油脂、酸碱度、温度、搅打速度等。加入"塔塔粉"(一种食品添加剂,主要成分是酒石酸氢钾)可以提高蛋泡的稳定性。

(2)蛋黄的乳化性。蛋黄中含有许多磷脂,磷脂具有亲油和亲水的双重性,是一种理想的天然乳化剂。调制面团时适量加入蛋液,油脂、水和其他辅料均匀地分布结合,使制品组织细腻、质地均匀、疏松可口,且具有良好的色泽。

(3)蛋的热凝固性。蛋白受热后会出现凝固变性现象,在50 ℃左右时开始混浊,在57 ℃时黏度增加,在62 ℃以上时失去流动性,70 ℃以上凝固为块状,失去起泡性。蛋黄则在65 ℃时开始变黏,呈凝胶状,70 ℃以上失去流动性并凝结。

Note

❷ 蛋在面点中的作用

（1）能改进面团的组织状态，提高制品的疏松度和绵软性。蛋白具有发泡性，可形成蜂窝结构，增大制品的体积；蛋黄的乳化作用，能促进脂肪与水的乳化，使脂肪均匀分散在面团中，提高制品的疏松度。

（2）能改善面点的色、香、味。在面团中调入蛋液或在面点表面涂上蛋液，经烘烤或油炸后，面点呈现金黄发亮的色泽，使制品美观。加入蛋液能使面点更香更美味，提高了面点的食用价值。

（3）提高制品的营养价值。蛋中蛋白质丰富，而且是完全蛋白质，所含的必需氨基酸的比例、种类适合人体的需要；所含脂肪多由不饱和脂肪酸构成，特别是蛋黄中的磷脂，对促进人体的生长发育有重要作用。因此，蛋能提高制品的营养价值。

（四）乳品

❶ 常用的乳品

（1）鲜乳。正常的鲜乳呈乳白色或白中略带黄色，有清淡的奶香味。鲜乳主要由水、脂肪、磷脂、蛋白质、乳糖、矿物质、维生素、酶类、免疫蛋白、色素等成分组成。鲜乳营养丰富，使用方便，可直接用于调制面团或制作各种乳白色冻糕，如雪白棉花杯、可可奶层糕、杏仁奶豆腐等。鲜乳还常用于甜馅的调制，以增加馅心的奶香味和食用价值。

（2）奶粉。奶粉是以牛、羊鲜乳为原料经浓缩后喷雾干燥制成的，包括全脂奶粉和脱脂奶粉两大类。由于奶粉含水量低，便于保存，使用方便，因此奶粉广泛用于面点的制作中。制作面点时要考虑奶粉的溶解度、吸湿性、甜度和滋味，使用时先用少许水调匀，才能调入面团中，防止出现结块现象。

鲜乳　　　　　　　　　　　　　　　　　　　　奶粉

（3）炼乳。炼乳是鲜奶加蔗糖，经杀菌、浓缩而成。好的炼乳应有甜味和纯净的奶香味，有良好的流动性，色泽浅黄，不应有蔗糖或乳糖结晶的粗糙感。炼乳可分为甜炼乳和淡炼乳两种。甜炼乳甜度大，使用时应注意适当减少用糖量。

❷ 乳品在面点中的作用

（1）改进面团工艺性能。乳品中含有丰富的磷脂，磷脂是一种很好的乳化剂。因此，将乳品加入面团中可以促进面团中油与水的乳化，改进面团面筋胶体结构，起到调节面筋胀润度的作用，使制品不易收缩变形。

（2）改善面点的色、香、味。因乳品为乳白色，制作面点时加入乳品可以提高制品的雪白度，使制品乳白光洁。加入乳品后烘烤出的面点呈现出特有的乳黄色，同时还具有奶香味。

（3）提高面点的营养价值。乳品中蛋白质属于完全蛋白质，它含有人体必需的氨基酸，同时乳品中还含有乳糖和多种维生素、矿物质，对促进人体生长发育，尤其对儿童的健康有着重要的促进

炼乳

作用。

（五）果品

果品可分为鲜果（如苹果、梨、桃等）、果仁（如核桃仁、松子仁、花生仁等）、果干（如红枣、葡萄干、柿饼等）、果制品（如果脯、蜜饯、果酱等）。

❶ **鲜果** 鲜果富含水分、糖、有机酸、纤维素等，品种多，颜色鲜艳。鲜果在西式面点中使用较多，常用于酥炸水果点心或凝冻水果点心，如酥炸苹果环、酥炸香蕉条、柑橘奶冻糕等。鲜果更多地用于西式面点的点缀和装饰，如各式水果塔及裱花蛋糕的点缀。在使用鲜果进行装饰点缀时，要避免使用含单宁较多的鲜果，如苹果、香蕉、柿子等，以免氧化变色，影响美观。

❷ **果仁** 果仁含有丰富的脂肪、蛋白质、糖、矿物质等，具有油香及独特的风味。果仁常用于面点的馅心及表面粘裹、点缀，如五仁馅、麻蓉馅、核桃酥、香麻炸软枣、杏仁酥等。果仁在使用时均需去皮、去壳，选洗干净。果仁用于制馅时，应烤（炒）香；果仁用于炸、烤面点表面粘裹时，则需生料粘裹、点缀。

由于果仁脂肪含量丰富，在环境温度较高时易氧化酸败，故应低温干燥保存。

❸ **果干** 果干富含糖、有机酸、矿物质等。面点制作常用的果干有红（黑）枣、杏干、葡萄干等。由于果干含水分较少，可以较长时间存放，所以具有使用方便的特点。果干在面点制作中可用于制馅或拌入面团中增加风味，如枣泥馅、葡萄面包等面点的制作。

果仁

果干

❹ **果制品** 果制品包括果脯、蜜饯、果酱和罐装水果。果制品是利用高浓度糖所具有的渗透压，使微生物细胞脱水收缩，细胞质壁分离而产生生理干燥现象，从而抑制微生物的生长繁殖，使制品利于保存。果制品在面点制作中常作为馅或点缀。

果品在面点中的作用如下。

（1）果品风味优美、色泽鲜艳，可改进面点的色泽与形态。

（2）果品是制作甜点和装饰点缀的重要原料，可丰富面点品种。

（3）果品营养丰富，可以提高成品的营养价值。

三、食品添加剂

在不影响食品营养价值的基础上，为了增强食品的外形或口感，提高或保持食品的质量，在食品生产中人为地加入适量化学合成或天然的物质，这些物质就是食品添加剂。在面点制作中常用的添加剂有膨松剂、着色剂、调味剂、赋香剂、凝胶剂等。

（一）膨松剂

凡能使面点制品膨大疏松的物质都可称为膨松剂。膨松剂有两类,一类是生物膨松剂,多用于糖、油用量较少的制品;另一类是化学膨松剂,多用于糖、油用量较多的制品。

❶ **生物膨松剂**　生物膨松剂也称生物发酵剂,是利用酵母菌在面团中生长繁殖产生气体,使制品膨松柔软。目前,制作面点的生物膨松剂有两大类,一类是酵母菌,它包括液体鲜酵母、固体鲜酵母、活性干酵母三种;另一类是将前次用剩的发酵面团作为膨松剂,称老酵或面肥。也还有将酒或酒酿作为膨松剂进行发酵的。

用酵母菌发酵的特点是发酵力强,制品口味醇香,但需严格控制发酵温度和湿度。用老酵或面肥发酵的特点是由于菌种不纯,面团发酵后会产生酸味,需兑碱后才能制作面点。老酵或面肥发酵是我国传统的发酵方法,经济实惠且风味独特,常用于制作包子、馒头等。

❷ **化学膨松剂**　常用的化学膨松剂有碳酸氢钠、碳酸钠、碳酸氢铵、泡打粉、明矾等。

（1）碳酸氢钠。碳酸氢钠俗称小苏打,又称重碱。碳酸氢钠为白色粉末,无臭味,受热分解出气体,分解温度为 $60\sim150$ ℃;易溶于水,水溶液呈碱性,遇酸会发生酸碱中和反应产生气体。

碳酸氢钠常用于制作油条、麻花以及各类甜酥面点。使用时,为了使碳酸氢钠在面团中分布均匀,应先用冷水溶解或与液态原料混合后再加入面团中,防止制品出现黄色斑点。

（2）碳酸钠。碳酸钠又称食碱,为白色粉末或细粒,较碳酸氢钠粗。碳酸钠受热不能分解出气体,易溶于水,水溶液呈碱性,遇酸则发生酸碱中和反应产生气体。

碳酸钠主要用于用老酵或面肥作为膨松剂的发酵面团,以中和发酵过程中产生的有机酸,产生气体,使制品膨大。在冷水面团中加入少许碳酸钠,可以增加面团的韧性和延伸性。

（3）碳酸氢铵。碳酸氢铵又称臭粉,为白色粉状结晶,有刺鼻的氨气味。碳酸氢铵在常温下即缓慢分解出气体,60 ℃以上分解迅速。碳酸氢铵易溶于水,水溶液呈碱性。

碳酸氢铵的优点是用量少、产气多;缺点是口味差,制品表面易出现气孔,色泽偏黄。碳酸氢铵一般与碳酸氢钠混合使用,注意用量一般不宜超过面粉用量的 1%。碳酸氢铵适合炸点、烤点的制作。

（4）泡打粉。泡打粉又称发粉、发酵粉,为复合型膨松剂,是由碱剂、酸剂和添加料配合组成的。碱剂一般使用小苏打,酸剂一般有酒石酸、磷酸氢钙、明矾等,添加料为淀粉,按比例混合而成。泡打粉产气主要原理是受热时碱剂和酸剂中和反应产生气体。泡打粉呈中性,使用方便、广泛,用量为面粉的 $1\%\sim$ 3%,加入过多的泡打粉会影响制品的口味。

泡打粉

❸ **使用化学膨松剂的注意事项**

（1）掌握使用量,用量越少越好,一般能达到膨松效果即可。

（2）经加热后,成品中膨松剂残留的物质必须无毒、无味、无臭和无色,不影响成品的风味和质量。

（3）要使用在常温下性质稳定、经高温时能迅速均匀地产生大量气体、促进制品膨松的膨松剂。

（二）着色剂

为了增加面点的色泽,常常使用各种着色剂进行着色,使制品色泽丰富。着色剂也称食用色素,按性质可分为天然色素、化学合成色素两大类。

❶ 天然色素 天然色素主要是指从动植物中提取或利用微生物生长繁殖过程中的分泌物提取的色素。天然色素具有安全性好、着色自然的特点。

（1）红曲色素。红曲又称丹曲、赤曲等，是我国传统的食用色素，是把红曲霉菌接种在米粒上，红曲霉菌在生长繁殖过程中的红色分泌物将米粒染成红色，用酒精浸泡红曲米，提取红色的浸泡液，可得到红曲色素溶液。红曲色素具有耐光耐热、对酸碱稳定、着色性好的特点，广泛用于面点、菜肴中。

（2）焦糖。焦糖又称糖色，为红褐色或黑褐色的液体。焦糖是蔗糖或饴糖在 180～190 ℃的温度下加热，焦化而成的一种红褐色或黑褐色色素。将蔗糖直接放入锅中炒焦可自制少量的焦糖。

焦糖主要用于烘烤类面点，如黑麦面包、裸麦面包、虎皮蛋糕、布丁等。

（3）姜黄和姜黄素。姜黄是一种多年生草本植物。将姜黄洗净晒干后，磨成粉末即可得到姜黄粉。姜黄粉为橙黄色粉末，有胡椒样芳香。将姜黄粉倒入酒精中，经搅拌、过滤、浓缩、干燥等工序制成的结晶物即为姜黄素。姜黄素的染着性更强。

姜黄素常用于面点制作，能增加制品着色，如用于绿豆糕、豌豆黄、栗蓉糕等的制作。姜黄粉有浓烈的辛香味，会影响面点的风味，一般制成咖喱粉后用于一些馅心的调味。

红曲米

姜黄

（4）叶绿素。叶绿素广泛存在于一切绿色植物中，在面点制作中常将一些绿色蔬菜榨取汁液来调色。叶绿素耐酸耐热，但耐光性差。将叶绿素提取后制成的叶绿素铜钠即成为性质稳定、使用方便的绿色素。叶绿素铜钠为蓝黑色、有金属光泽的粉末，有氨味，易溶于水，有较强的耐光性和着色力。

常用的天然色素和着色材料还有可可粉、可可色素、咖啡粉、栀子黄等。

❷ 化学合成色素 化学合成色素多为焦油系列产品，由煤焦油中所含的具有苯环或萘环等的物质合成而得，最常见的有苋菜红、胭脂红、柠檬黄、日落黄、靛蓝、苹果绿等。化学合成色素色泽鲜艳，色调多样，着色力强，牢固度好，成本低，使用方便，但由于化学合成色素有一定的毒性，要严格控制使用量，一般最大使用量不得超过 0.05 g/kg。

❸ 使用着色剂应注意的事项

（1）要尽量选用对人体安全性高的天然色素。

（2）使用化学合成色素时要控制用量，不得超过国家允许的标准。

（3）要选择着色力强、耐热、耐酸碱的水溶性色素，避免在人体内沉积。

（4）应尽量用原料的自然颜色来体现面点的色彩，使用色素的目的是弥补原料颜色的不足但应尽量少用色素为好。

（三）调味剂

凡能提高面点的滋味、调节口味、消除异味的可食性物质都可称为调味剂。调味剂的种类多,按口味不同可分为以下几类:酸味剂,如乳酸、柠檬酸等;甜味剂,如食糖、饴糖、糖精、甜菊糖等;咸味剂,如食盐、酱油等;鲜味剂,如味精、鸡精等。

❶ **食盐** 食盐是味中之王,是咸味的主要来源。食盐对人体有极重要的作用,能促进胃液分泌、增进食欲,可保持人体正常的渗透压和体内的酸碱平衡。食盐在面点中的作用主要体现在以下几个方面。

（1）使制品具有咸味,调节口味。面点从味型上可分为甜点、咸点。食盐是咸点必不可少的调味剂。在制作部分甜点时加些食盐,可起到调节口味的作用。

（2）增加面团的韧性和筋力。食盐因有极强的吸水性,能使面粉吸水胀润,增加面团的韧性;同时,由于食盐溶液渗透压的作用,面团的面筋质地变得紧密,增大了面筋的强度,行业中有"碱是骨头,盐是筋"之说。

（3）改进制品的色泽。在面团中适量添加食盐,可使面团组织细密,成品色泽发白,这一点在发酵制品中表现得更为明显。

（4）调节发酵面团的发酵速度。食盐是酵母生长繁殖的营养素之一。适量的食盐可促进酵母的生长繁殖,但食盐溶液浓度加大后,由于渗透压的作用,又能抑制酵母的生长繁殖。因此食盐用量能起到调节发酵面团发酵速度的作用。

❷ **柠檬酸** 天然的柠檬酸存在于柠檬、柑橘之中,现在使用的多由糖质原料发酵制成。柠檬酸是无色透明或结晶性粉末,无臭,味极酸,易溶于水。柠檬酸在面点制作中常用于糖浆的熬煮,防止糖浆出现返砂现象。

❸ **糖精** 糖精为无色结晶或稍带白色的结晶性粉末,为化学合成甜味剂。糖精本身为苦味,易溶于水,溶于水稀释后才具甜味。糖精的甜度是蔗糖甜度的 300～500 倍。糖精在人体中不产生热量,无营养价值,只起到增加甜味的作用。

柠檬酸

糖精

❹ **甜菊糖** 甜菊糖是从甜菊叶中提取的天然甜味剂。甜菊糖为白色或微黄色粉末,味极甜,甜度是蔗糖的 200～300 倍。由于甜菊糖甜度大、用量少、热能低,对肥胖病、高血压等患者有益,现广泛用于饮料、面点中。

（四）赋香剂

凡能增加食品的香气,改善食品风味的物质都可称为赋香剂。赋香剂按来源分为天然赋香剂和人工合成赋香剂;按质地分为水质、油质和粉质;按香型分为奶香型、蛋香型和水果香型。面点中常用的有橘子油、薄荷油、香兰素、吉士粉等。

❶ **橘子油**　橘子油是由橘皮经压榨或蒸馏加工而成。橘子油为黄色的油状液体,具有清甜的柑橘香气,是制作面点特别是冻类点心常用的赋香剂。

❷ **薄荷油**　薄荷油也称薄荷素油,由蒸馏植物薄荷的茎、叶得到薄荷原油,经勾兑加工而成。薄荷油为无色、淡黄色或黄绿色的明亮液体,具有薄荷香气,味初辛后凉,是制作冻类点心常用的赋香剂。

❸ **香兰素**　香兰素也称香草粉,主要由人工合成制得,呈白色结晶或白色粉末状,具有蛋奶香气,味苦。香兰素遇碱或碱性物质会发生变色现象。香兰素在调入面团时,应用温水溶解后加入,以防不均匀或结块影响成品的口味。

吉士粉

❹ **吉士粉**　吉士粉是一种混合型的调味香料,为黄色粉末,具有浓郁的奶香和果味。吉士粉主要成分有变性淀粉、食用香精、食用色素、乳化剂、稳定剂、食盐等,在面点中有增色、增香,使制品更松脆的作用,常用于西式面点的制作。

❺ **使用赋香剂应注意的事项**

(1)赋香剂只能起到辅助原料增香的作用,配比过多,有刺鼻的感觉,失去清雅醇和的香气,因此用量要适当。

(2)赋香剂都有一定的挥发性,使用时应尽量避免高温,以免挥发失去作用。

(3)使用后,要及时密封、避光保存,以免赋香剂挥发。

(五)凝胶剂

凝胶剂是改善和稳定食品物理性质或组织状态的添加剂,可分为动物性凝胶剂、植物性凝胶剂和人工合成凝胶剂。面点中常用的凝胶剂有琼脂、明胶、果胶等。

❶ **琼脂**　琼脂又称冻粉、洋菜,是从海藻类植物石花菜和江蓠中提取得到的。琼脂有条状、片状、粉状三种形状,以透明度高者为好。衡量琼脂质量的标准是凝结力,优质琼脂0.1%的溶液即能形成冻胶,稍次的在0.4%以下,较差的则在0.6%以下。结冻的效果还与添加的原辅料以及温度有关,如用糖量增加,其凝结力下降。琼脂具有凝结力强、冻胶爽脆、透明度高等特点,常用于水果冻、杏仁豆腐、豌豆黄等制品,还可用于鲜肉馅的掺冻。

❷ **明胶**　明胶是从动物的皮、骨、软骨、韧带和鳞片中提取的高分子多肽物质。明胶为白色或微黄色半透明的、微带光泽的薄片或粉粒状,无挥发性,无臭味,有微弱的肉脂味。明胶不溶于冷水,但能缓慢地吸水膨胀而软化;溶于热水,冷却到30 ℃时开始凝结,冷却到10 ℃左右时,能凝结10～12倍的水,形成柔软而有弹性的冻胶。明胶结冻的效果与添加的原辅料以及温度有关。明胶具有凝结力强、冻胶柔软而有弹性、不易渗水等特点,常用于水果啫喱、棉花糖等制品。

❸ **果胶**　果胶是从天然的水果中提取的,它是由半乳糖醛酸聚合起来的碳水化合物。果胶有果胶粉和液体果胶两类。果胶粉是从含果胶原料中提炼出的液体经加工干燥而成的白色或黄色的无定形物质,有较好的水果风味;液体果胶是从含果胶原料中提炼出的液体经去色、去糖浓缩而成的物质,保持了良好的水果风味。果胶常作为果酱、果冻的添加剂。

琼脂

明胶

理论、技能
知识点
评价表

项目小结

　　通过本模块的学习,使学生充分了解和掌握中式面点原料的基本知识;能够根据不同面点品种制作要求选择面点原料;掌握中式面点原料的加工方法;学会不同面点原料的配比和操作。

项目检测

　　1. 简答题　制作中式面点的主料、辅料、添加剂分别有哪些?

　　2. 互动讨论题　结合实训课堂内容,同学们互相交流面点辅助原料油、糖、蛋、添加剂在面点制作中的作用。

模块四

中式面点面团调制技艺

本模块课件

→ 模块描述

　　面团调制就是按面点制品的要求,把粉料与水等原辅料掺和的过程。面点制品质量的好坏关键在于面团的调制,本模块主要介绍各种常用面团的品种及其加工方法等,突出以基本技能练习与基本功训练为主的教学内容。

　　面团调制,是指面团形成的过程。面团调制对面点的成品制作起着关键的作用,具体总结如下。

　　(1)为成型工艺提供合适的面团。调制面团是面点成型的前提条件,也是面点制作成品不可缺少的一道工序。各种粮食粉料和辅料之所以能够调制成团是因为粉料中含有淀粉、蛋白质等成分,具有和辅料结合在一起的条件,而调制方法也起了很重要的作用。

　　(2)确定面点的基本口味也丰富了面点品种。一般面点品种的口味,来源于两个方面。①原料本身之味,为本味。②外来添加之味,为调味。如馒头、花卷等品种的口味都是在调制面团时就确定了。由于采用原料不同、调制方法不同,面团性质也不一样,这就大大丰富了面点的品种。比如:膨松面团,可以制成多种造型的暄软、酥松适口、容易消化的成品;油酥面团可以制成色泽金黄或洁白、造型美观、酥香可口的酥点;米粉面团可以制成多种口味、不同特色的点心品种。

　　(3)提高成品的营养价值。每一种的食物原料中所含的人体需要的营养成分是不全面的,根据营养学的观点,把各种原料进行合理的组合,是提高食物营养价值的有效方法,可以达到营养成分的互补作用。在面团调制时,将各种原料,根据品种制作的要求,合理地进行配合,是面团调制的主要工艺内容。

　　由于面团在调制时采用了不同的原料和不同的工艺手法,所以形成了各种不同的面团状态。按面团的属性一般分为水调面团、膨松面团、油酥面团、其他面团等。

→ 模块目标

1. 了解面团调制的重要作用。
2. 理解水调、膨松、油酥、其他面团的分类、特点、原理及调制方法。
3. 熟练掌握各种面团品种的操作工艺,达到灵活调制各种常用面团的技术标准与要求。

水调面团的调制技艺

项目描述

一、水调面团的概念

水调面团是指在面粉中掺入适量水(有些加入少量辅料,如盐、碱等)调制而成的面团。水调面团根据水温的不同可分为冷水面团、温水面团和热水面团。

二、水调面团的形成原理

水调面团也叫实面面团,它的形成原理是原料中主要成分淀粉和蛋白质具有不同的性质,不同的水温对面团产生不同的影响。

(1)淀粉的性质。淀粉在常温条件下基本没有变化,吸水率低。当水温升至 50 ℃ 左右时,淀粉的吸水率和膨胀率也很低,黏度也不大,但随着水温的上升,淀粉发生膨胀糊化作用。当水温到 70 ℃ 以上时,淀粉大量溶于水中,成为黏度很高的溶胶;水温至 90 ℃ 以上,黏度越来越大。显然,淀粉在加热过程中的这些变化对调制面团有着重要的工艺价值。由此可知,用冷水调制面团时,淀粉的性质基本上未变化。当用温水调制时,由于淀粉的局部糊化,所以调成的面团就比较柔软适中。当用沸水或接近沸点的水调制时,由于淀粉的糊化作用,面团变得很黏柔,缺乏筋力,由于淀粉酶的糖化作用,面团带有甜味。

(2)蛋白质的性质。面粉中的蛋白质在常温条件下不会发生变性(这里指热变性),吸水率高。当水温为 30 ℃ 时,蛋白质能结合水分 150% 左右。经过揉搓能逐渐形成柔软有弹性的胶体组织,俗称面筋。面筋中的蛋白质形成面筋网络,将其他物质紧密包住,这时反复揉搓面团,面筋网络作用也逐渐加大,面团就变得光滑、有劲,并有弹性和韧性,显现冷水面团的性质和特点。当水温进一步升高时,情况则发生变化,面团的延伸性、弹性、韧性都逐步减退,只有黏度增加。因此,用高于 70 ℃ 的热水烫面,调成的热水面团就变得柔软、黏糯且缺乏筋力。而温水面团是用 50 ℃ 左右的温水调制的,这时蛋白质尚未变性,温水使面团中面筋质的形成受到一定影响,因此,温水面团的筋力、韧性等都介于冷水面团和热水面团之间。

由此可见,只有清楚地了解水调面团的形成原理,才能真正认识不同面团产生不同口感的原因,从而应用于实践操作中。

任务一　冷水面团的调制工艺　💻

任务目标

1. 了解冷水面团的概念、特点及适用范围。
2. 掌握冷水面团调制操作关键。
3. 掌握冷水面团代表品种的制作工艺。

 **知识准备**

一、冷水面团的概念和特点

（一）概念

冷水面团是在面粉中加入冷水（水温在 30 ℃以下），使水与面结合成团，反复揉制形成光滑的面团。

（二）特点

冷水面团又称"死面""呆面"，色泽洁白，爽滑筋道，有弹性、韧性、延伸性，此类面团适宜制作面条、水饺、馄饨、刀削面等品种。

二、冷水面团的调制方法及调制关键点

（一）调制方法

❶ **用料** 面粉、冷水、盐或碱（根据具体品种（比如拉面等）需要调制，可以提高面团的弹性和筋力），一般情况下 500 克标准粉，大约加 250 克的水，特殊的面点品种可多加，如春卷面皮的吃水量在 350 克左右。

❷ **调制过程** 冷水面团调制的工艺流程是下粉→掺水→拌→揉→搓→醒发等（调制时必须用冷水调制）。

具体过程：将面粉倒入盆中，加入冷水，用手抄拌、揉搓，使水与面结合成坯，经反复揉制使面团表面光滑，将面团揉透，表面细腻、不粘手，再盖上洁净的湿布静置饧面。

（二）调制关键点

❶ **掌握掺水比例** 根据气候条件、面粉质量及成品的要求，水要分次掺入，切不可一次加足。一次加水太多，面粉一时吃不进去，会造成"窝水"现象，使面团粘手。

❷ **水的温度要适当** 由于面粉中的蛋白质是在冷水条件下生成面筋网络的，因而必须用冷水和面。但在冬季时，可用 30 ℃的水和面。

❸ **揉面时要用巧劲揉搓** 冷水面团中形成的面筋网络主要是靠双手的揉搓形成的，只有用巧劲反复揉搓，才能将面团揉匀、揉透且光滑、不粘手。

❹ **静置饧面** 面团和好后要盖上洁净的湿布醒面。醒面可以使面团中未吸足水分的颗粒进一步充分吸水，更好地生成面筋网络，提高面团的弹性和光滑度，使面团更滋润，成品更爽口。

❺ **饧面时加盖湿布** 目的是防止面团风干、发生结皮现象。

 **代表品种实例**

🌱 水　饺 🌱

 任务描述

饺子，是一种以面为皮的充馅食物，是中国北方比较传统的食物，深受老百姓的欢迎，民间有"好吃不过饺子"的俗语，每逢新春佳节，饺子更成为一种应时且不可缺少的佳肴。饺子皮薄馅嫩，味道鲜美，形状独特，百食不厌，营养素齐全。蒸煮的烹制方法使得营养流失较少，并且符合中国饮食文

化的内涵。要求如下:①学会制作水饺;②掌握冷水面团的调制方法和技巧;③掌握水饺的制作过程与工艺要求。

任务分析

本任务涉及调面、搓条、下剂、擀皮、上馅、成型等工艺过程,关键在于冷水面团调制的技法。

任务处理

① 标准食谱(大蒜肉馅水饺)

(1)面团食谱:面粉350克、单车麦面粉150克、盐5克、蛋清及水250克。

(2)基础肉馅食谱:鲜猪肉馅500克、水或鸡汤200克、蚝油16克、老抽20克、生抽20克、葱油40克、猪油40克、白糖8克、鸡精10克、味精8克。

(3)大蒜肉馅比例:调好的基础肉馅600克、炸好的大蒜100克、泡好的粉条100克、炸葱花40克、葱油80克。

② 制作过程分解图

准备面团原料	调制馅心	调制面团
下剂(每个7克)	擀皮(直径7厘米)	上馅
包制、挤捏	成型	煮制成熟

操作演示
视频:

面团调制

搓条、下剂、
擀皮

成型

成熟

素三鲜
馅心调制

③ 操作过程及要求

(1)将两种面粉搅匀后倒在干净的案板上,中间开窝,将盐、蛋清、水搅匀后倒入面粉窝中抄拌成雪花状,调和成团,反复揉制,直至面团光滑。

(2)猪肉馅分次加水或鸡汤顺一个方向搅打上劲后,加入液体调味料(老抽、蚝油、生抽)继续搅拌均匀后再加入粉性调味料(白糖、味精、鸡精)搅拌均匀,最后加入猪油和葱油搅拌均匀备用。

(3)将去皮的大蒜放入温度为150℃的油中炸成金黄色,粉条提前泡发切末,大蒜凉透后切末,最后将加工好的馅心原料与肉馅搅拌均匀备用。

(4)将面团搓成粗细均匀的长条,揪成7克1个的剂子,用擀面杖将剂子擀成直径7厘米、中间稍厚、四周稍薄的圆皮。

(5) 左手托面皮,右手拿馅匙,将15克馅心放在面皮中央,左手拇指将放好馅心的面皮挑起,右手拇指与食指将面皮边缘对齐包捏成半月形饺子生坯,前后肚对称,底部呈圆形,边呈S形。在木屉中撒上面粉,将做好的生坯摆放到木屉中。

(6) 煮锅上火,将水烧开,放入饺子生坯,用勺背轻轻推动以免饺子生坯粘贴锅底,水饺浮起后再加2～3次少量冷水,以免锅内水翻腾过大使饺子破裂,待饺子煮熟后捞出。

❹ 成品特点　皮薄滑爽、筋道、有韧劲,不露馅,入口软滑,馅多鲜嫩。咸鲜适口,蒜香浓郁。

❺ 操作关键

(1) 面团要揉透,皮面的光洁度要高。

(2) 调制基础肉馅时,顺着一个方向搅打上劲,调味顺序要注意,先加液体调味料,再加粉性调味料,最后加油(封油)。

(3) 炸制大蒜时,油温要控制到位。

(4) 下剂大小、擀皮大小要严格按照标准操作。

(5) 包制水饺的挤捏手法必须掌握,切勿露馅。

馄　饨

> **任务描述**

馄饨是中华传统面食之一,用薄面皮包馅,通常煮熟后带汤食用。馄饨发展至今,因其制作方法各异、鲜香味美,成为深受全国各地人民喜爱的著名小吃。馄饨名号繁多,江浙等大多数地方称为"馄饨",而广东称为"云吞",湖北称为"包面",江西称为"清汤",四川称为"抄手"等。要求如下:①学会制作馄饨;②掌握成型手法;③掌握馄饨的制作过程与工艺要求。

> **任务分析**

本任务涉及调制馅心、调制面团、擀薄皮、改刀成正方形、煮制成熟等工艺过程,关键在于调馅和包制的技法。

> **任务处理**

❶ 标准食谱

(1) 面团食谱:面粉500克、水180～200克、鸡蛋1个(取蛋清)、盐5克。

(2) 馅心食谱:五花肉500克、水100克、葱油50克、葱末30克、姜末30克、生抽20克、老抽20克、味精5克、盐16克。

❷ 制作过程分解图

准备面团原料

调制馅心

调制面团

| 擀皮、制皮 | 切片 | 馄饨皮 |

| 上馅 | 成型 | 煮制成熟 |

❸ **操作过程及要求**

（1）面粉开窝，水、盐和蛋清搅匀后倒入窝内调制面团。

（2）将葱切成 0.3 厘米的葱花，姜切成末。

（3）猪肉馅按照先打水后放液体调味料，再粉性调味料的顺序调制好。

（4）擀制长方形的薄皮，厚度为 0.1 厘米，折叠去掉两个边后切成边长为 8 厘米、重 5 克的正方形面皮。

（5）左手托面皮，右手拿馅匙，将 10 克馅心放在面皮一角，将馅心带皮向内卷两卷，在卷皮的左端涂少许水，再将两端弯向中间，粘好捏紧即成生坯。将捏好的生坯摆放到撒好面粉的木屉中。

（6）煮锅上火，将水烧开，放入馄饨生坯用勺背轻轻推动，待馅心凝固即熟。

（7）碗里放酱油、味精、虾皮等，将汤冲入碗中。用漏勺捞起馄饨放入碗内，最后撒上香菜即可。

❹ **成品特点**　皮薄滑润，馅心鲜嫩，汤味鲜美。

❺ **操作关键**

（1）调制的面团软硬要适当。

（2）擀好的面皮厚薄要均匀。

（3）擀制时要每擀一次撒一层面粉防止粘连。

（4）将馅心卷在皮内，不要露馅。

（5）捏口时面皮两端要捏紧。

（6）成熟时水面要宽，水要沸，下馄饨的数量适当。

（7）调味要准确，口味可因时、因地、因人做出调整。

岐山臊子面

➡️ **任务描述**

在陕西省岐山县，臊子面就是一种面条，其做法独特，味道鲜美，素以薄、劲、光、酸、辣、香而誉满陕西和陇东地区。臊子面是当地人民逢年过节、红白喜事及款待亲朋的佳肴与礼品。要求如下：①学会制作岐山臊子面卤汁；②熟悉并灵活掌握手擀面的制作。

⊡ **任务分析**

本任务涉及调面、擀面、制作面条、制作卤汁、成熟等工艺过程,关键在于手擀面的制作和臊子卤汁的制作方法。

⊡ **任务处理**

❶ 标准食谱

(1)面团的食谱:面粉 500 克、水 220 克、盐 5 克、碱 7 克。

(2)卤汁的食谱:带皮肥瘦肉 500 克、鸡蛋 1 个、水发木耳 50 克、水发黄花菜 50 克、豆腐 150 克、蒜苗 100 克、韭菜 100 克、盐 30 克、酱油 150 克、姜末 20 克、葱 15 克、辣椒油 30 克、红醋 500 克、辣椒粉 30 克、五香粉 10 克、味精 3 克、菜籽油 300 克。

❷ 制作过程分解图

准备面团原料 准备臊子原料 制作面条

制作臊子 切面条 煮面条

浇臊子 岐山臊子面成品

❸ 操作过程及要求

(1)将水、盐、碱混合均匀后,倒入开窝的面粉中,采用调和法拌成雪花状,揉成光滑的面团,封上保鲜膜备用。

（2）臊子原料加工：豆腐切成1厘米见方的丁，黄花菜切成0.6厘米长的段，木耳撕小，鸡蛋摊成蛋皮并切成1厘米大小的菱形片，韭菜、蒜苗、葱切成0.6厘米长的段。

（3）制作臊子：带皮肥瘦肉切成长2厘米、厚0.33厘米的片，下油锅煸炒至七成熟时依次加入酱油、五香粉、姜末、盐、250克红醋、辣椒粉搅拌入味，小火煨约10分钟即成臊子。锅内加清水1500克，用旺火烧开放入余下的精盐、红醋和味精，再倒入辣椒油，汤应保持微沸状态。

（4）将面团用擀面杖擀成厚0.2厘米的面片，叠成梯形状，每叠一层撒上一层淀粉，切成0.2厘米宽的面条，放入撒好面粉的木屉中。

（5）煮锅上火，将水烧开，放入手擀面，用筷子拨散，等水再次烧开后加少量冷水，待再开锅时，面条煮熟后捞出，放在凉开水盆内过凉。

（6）调味：将面条装入碗内，浇入臊子卤汁即可。

❹ **成品特点**　面条色泽洁白、筋道爽滑，臊子酸辣可口、色泽油亮、营养丰富。

❺ **操作关键**

（1）面团揉制光滑、均匀且面团稍硬。

（2）擀制时要每擀一次撒一层面粉防止粘连，擀好的面片厚薄要均匀，切制的面条粗细要均匀。

（3）面条下锅后一定要等开锅后再轻轻搅动，煮面条时，一定要抖干净面粉再下锅煮，煮制时间要稍长。

（4）臊子粒大小要均匀，既要美观又要入味，酸汤在浇入面条之前应保持微沸状态。

任务二　温水面团的调制工艺

任务目标

1. 了解温水面团的概念、特点及适用范围。
2. 掌握温水面团调制操作关键。
3. 掌握温水面团代表品种的制作工艺。

知识准备

一、温水面团的概念和特点

（一）概念

温水面团是在面粉中加入温水（水温在50~60 ℃），调制而成的面团。

（二）特点

温水面团又称"半烫面""三生面"。面团色白，韧性和筋性均介于冷水面团和热水面团之间，具有可塑性较强的特点，适合于烙饼、花卷和蒸饺。

二、温水面团的调制方法及操作要领

（一）调制方法

❶ **用料**　面粉、温水。

❷ **调制过程** 温水面团的调制方法有两种。第一种方法是将面粉倒入盆内,加温水进行调制,手法与冷水面团的调制基本相同。第二种方法是用一半热水将面粉烫半熟,再加一半冷水和面掺在一起揉成光洁的面团。

（二）操作要领

（1）水温准确:直接用温水和面时,水温以 50～60 ℃为宜。水温太高,面团过黏而无筋力;水温过低,面团劲大而不柔软,无糯性。

（2）及时散发主坯中的热气:温水面团和好后,需摊开冷却,再揉成团。

（3）和好面后,面团表面需刷一层油或盖上洁净的湿布。

代表品种实例

✦ 韭 菜 盒 子 ✦

➡ 任务描述

韭菜盒子是中国北方地区非常流行的汉族小吃,也是有些地区的节日食品。韭菜盒子一般以春季头刀韭菜和鸡蛋为主要原料加工制作而成,适宜于春季食用。要求如下:①学会制作韭菜盒子;②掌握成型方法;③掌握韭菜盒子的制作过程与工艺要求。

➡ 任务分析

本任务涉及调馅、调面团、搓条、下剂、擀皮、上馅、成型、烙制等工艺过程,关键在于成型的技法。

➡ 任务处理

❶ **标准食谱**

（1）面团食谱:面粉 500 克、冷水 250 克、盐 5 克,用于制作冷水面团;面粉 500 克,热水 300 克、盐 5 克,用于制作热水面团。

（2）馅心食谱:韭菜 500 克、鸡蛋 150 克、木耳 100 克、虾皮 100 克、盐 8 克、鸡精 5 克、猪油 30克、葱油 50 克。

❷ **制作过程分解图**

准备面团原料　　　　　　　准备馅心原料　　　　　　　调制两块面团

调制馅心	制皮	上馅
去边	干烙成熟	成品展示

❸ 操作过程及要求

（1）韭菜择洗干净，切成 0.2 厘米的末；鸡蛋炒成末；木耳泡发切成末；虾皮洗净。

（2）将韭菜末、鸡蛋末、木耳末拌匀，放入猪油、葱油，加入鸡精、盐调味。

（3）分别调制冷水面团和热水面团，再将两块面团揉成光滑的面团。

（4）搓条，下剂，每个剂子 15 克，擀成长 15 厘米、宽 10 厘米的椭圆形面皮。

在面皮的 1/2 处放入馅心 25 克，把另外 1/2 处对折过去，将边捏紧，用料碗边缘去掉韭菜盒子的边缘，修饰整齐，成型，制成宽 6 厘米、长 9 厘米的生坯。

（5）电饼铛升温至上下火 180 ℃，把韭菜盒子生坯依次摆入，烙至底面浅黄色，反过来再烙另一面，将两面烙至浅黄色即可。

操作演示视频

❹ 成品特点　口感软糯、馅心翠绿、鲜香适口。

❺ 操作关键

（1）散尽热气再揉成光滑的面团，否则积聚在面团内的热气使面团易结皮，表面粗糙、开裂。

（2）炒制的鸡蛋末必须晾凉再调馅。

（3）调制素馅必须先封油，最后加调味料。

（4）按标准制皮，面皮呈椭圆形，馅心放在面皮的 1/2 处，边缘小且压紧，馅心不外露。

（5）掌握好烙制时间和温度。

❧ 西葫芦鸡蛋虾仁锅贴 ❧

➡ 任务描述

锅贴是一种汉族小吃，起源于山东青岛，属于煎烙的馅类小食品，制作精巧，味道精美，根据季节配以不同的蔬菜。锅贴底面呈深黄色，酥脆，面皮软韧，馅味香美。要求如下：①学会制作西葫芦鸡蛋虾仁馅心；②掌握水油煎的成熟方法；③掌握锅贴的制作过程与工艺要求。

任务分析

本任务涉及调制馅心、调制面团、搓条、下剂、擀皮、上馅、成型、水油煎等工艺过程,关键在于馅心的调制和水油煎成熟的技法。

任务处理

❶ 标准食谱

(1) 面团食谱:面粉 500 克、温水及 1 个蛋清 240 克、盐 5 克。

(2) 面糊水食谱:水 500 克、玉米面 7 克、面粉 10 克。

(3) 馅心(西葫芦虾仁馅)食谱:西葫芦 500 克、腌虾仁 160 克、鸡蛋末 100 克、炸葱花 35 克、葱油 50 克、鸡精 6 克、盐 4 克、味精 5 克。

❷ 制作过程分解图

准备面团原料	准备馅心原料	准备面糊水
调制馅心	调制面团	上馅、成型
锅贴生坯	锅贴成熟	锅贴成品

❸ 操作过程及要求

(1) 将盐放入温水中化开,面粉开窝,调制面团。将调好的面团散热后揉匀、揉透、揉光滑,封上保鲜膜备用。

（2）将西葫芦切成 5 厘米的段，擦成丝；虾仁提前化冻，从虾背切开取出虾线；炒鸡蛋，不加任何调味品；葱花炸制成金黄色；虾仁提前腌制，顺时针搅打、上劲。

（3）将面团搓条，下剂，每个剂子 25 克，馅心 40 克，面皮直径 10～12 厘米。

（4）将西葫芦封油，加入炸葱花、鸡蛋末、虾仁搅拌均匀，放入鸡精、盐、味精进行调味。

（5）上馅，把面皮中间捏死，把两头窝进去，封口，两端不要太大。

（6）将水、玉米面、面粉混匀，调制面糊水。

（7）平底锅烧热淋油，摆锅贴时注意要留有一定的空隙。用 6 厘米的勺子舀上 3～4 勺面糊水，先大火烧开，后小火烤干，待底部呈金黄色，再淋上一层豆油出锅即可，7～8 分钟一锅。

❹ **成品特点**　底部色泽金黄，外焦内脆，鲜嫩多汁。

❺ **操作关键**

（1）面团软硬要适当，按标准制皮，呈椭圆形。

（2）虾仁必须将虾线剔除、去腥。

（3）调制素馅必须先封油，最后加调味料。

（4）炒制的鸡蛋末必须晾凉再调馅。

（5）摆放锅贴时应先摆四周，后摆中间，锅贴之间留有间隙防止粘连。

（6）最好淋豆油出锅，能使锅贴颜色黄亮；装盘时锅贴底部朝上，更加美观。

家　常　饼

▶ 任务描述

家常饼是山东传统小吃，外皮酥脆，内瓤柔嫩，表面油润，呈金黄色。要求如下：①学会制作家常饼；②掌握温水面团的调制方法和技巧；③掌握家常饼的制作过程与工艺要求。

▶ 任务分析

本任务涉及调制面团、搓条、下剂、擀皮、刷油、收拢、押长、卷起、烙制等几个工艺过程，关键在于温水面团调制技法。

▶ 任务处理

❶ **标准食谱**　面粉 500 克、冷水 250 克、盐 7 克，用于制作冷水面团；面粉 500 克、热水 300 克、盐 7 克，用于制作热水面团；猪油适量。

❷ **制作过程分解图**

准备面团原料　　　　　　　　调制两块面团　　　　　　　　下剂

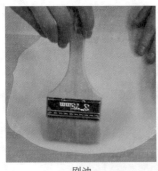
刷油

聚拢

上下摞起

烙制成熟

家常饼成品

操作演示
视频：

面团调制

成型

成熟

❸ **操作过程及要求**

（1）面粉放入盆中，盐放入水中化开，将水烧开，再将热水倒入面粉中，边倒边搅拌成雪花状，揉至无干面粉颗粒，摊开晾凉后揉至光滑，制成热水面团。

（2）面粉开窝，盐放入水中化开，调制面团，将面团揉至光滑后与热水面团合在一起揉匀、揉透、揉光滑，封上保鲜膜备用。

（3）将面团搓成粗细均匀的长条，下剂，每个剂子20克，擀成长15厘米、宽10厘米的椭圆形面皮，刷猪油稍醒发。

（4）双手掌内侧向中间收拢，刷猪油，稍醒以松弛面筋，抻长至原来的2～3倍，两边向中间对卷，上下摞起叠放，再次稍醒，擀成直径8厘米的圆饼生坯。

（5）电饼铛升温至上下火180℃，锅内淋油，把家常饼生坯依次摆入，表面刷油，烙至底面浅黄色，反过来刷油再烙另一面，将两面烙至金黄色。

（6）成熟后，用手拍松软再用手向中间聚拢，抖开层次装盘即可。

❹ **成品特点**　色泽金黄、外酥里嫩。

❺ **操作关键**

（1）散尽热气再揉成光滑的面团，若热气散不尽则面团易结皮，表面粗糙、开裂。

（2）擀面皮时双手用力要均匀，面片厚薄一致，卷制时松紧适度，层次要清晰、自然。

（3）注意三个醒制过程。

（4）家常饼翻面后转动，防止受热不匀，烙饼时每翻一次，刷一次油，防止焦干，掌握好烙制的温度与时间。

任务三　热水面团的调制工艺 🖳

任务目标

1. 了解热水面团的概念、特点及适用范围。

2. 掌握热水面团调制操作关键。
3. 掌握热水面团代表品种的制作工艺。

 **知识准备**

一、热水面团的概念和特点

（一）概念

热水面团又称为开水面团、烫面团，是用 90 ℃以上的热水调制而成的面团。

（二）特点

黏性大，韧性差，口感软糯、色泽较暗，适合做锅贴、烫面炸糕、烧卖等品种。

二、热水面团的调制方法及操作要领

（一）调制方法

❶ **用料** 面粉、热水。

❷ **调制过程** 热水面团的调制方法一般有两种。

（1）面粉入水法：将 900～1000 克水放入锅中，上火烧开，改用小火，往热水中倒入面粉 500 克，用面杖用力搅匀，烫透后出锅，放在抹好油的案台上晾凉，揉成团。

（2）水浇面粉法：面粉开窝，将热水浇入面粉中，边浇边用面杖搅拌，基本均匀后，倒在抹过油的案台上，洒些冷水揉成团。

（二）操作要领

❶ **掺水量要准** 热水面团调制时的掺水量要准确，水要一次掺足，不可在面成坯后调整，补面或补水均会影响主坯的质量，造成成品粘牙。

❷ **热水要浇匀** 热水与面粉要混合均匀，否则主坯内会出现生粉颗粒而影响成品品质。

❸ **及时散发主坯中的热气** 热水面烫好后，必须摊开冷却，再揉成团，否则成品表面粗糙，易结皮、开裂，严重影响质量、口感。

❹ **以防烫伤** 烫面时，要用木棍或面杖搅拌，切不可直接用手，以防烫伤。

❺ **防止表面结皮** 面和好后，表面要刷一层油。

 **代表品种实例**

花 样 蒸 饺

任务描述

花样蒸饺，又称为喜气，常作为筵席席点使用，是采用各种叠捏手法制成的面食，是热水面团的基础制品，也是面点初级工考核的必考制品。要求如下：①学会制作四喜蒸饺、月牙蒸饺、冠顶蒸饺、知了蒸饺；②掌握热水面团的调制方法和技巧；③掌握花色蒸饺的配色；④掌握花样蒸饺的制作过程与工艺要求。

任务分析

本任务涉及调面、搓条、下剂、擀皮、上馅、成型、填入配色料、成熟等几个工艺过程，关键在于热水面团的调制及花色蒸饺的配色方法。

四 喜 蒸 饺

任务处理

① 标准食谱

（1）面团食谱：面粉 500 克、热水 280 克、猪油适量。

（2）馅心食谱：基础肉馅 400 克。

（3）配色料食谱：熟蛋白、熟蛋黄、火腿末、青菜末各 100 克（可以自行搭配）。

② 制作过程分解图

| 准备面团及基础馅心原料 | 准备配色原料 | 调制面团 |

| 下剂 | 成型1 | 成型2 |

| 填入配色料 | 蒸制成熟 |

③ 操作过程及要求

（1）将面粉放在盛器中，加入热水拌成麦穗面，散尽热气，加入猪油，揉成团，盖上干净湿布醒面。

（2）将醒好的面团搓成条，下剂，每个剂子 15 克，擀成直径 10 厘米的皮。

（3）左手四指托面皮，刮入馅心，将面皮分成 4 等份，用右手拇指和食指捏出均匀大小的四个洞，在每个洞中分别填入熟蛋白、熟蛋黄、火腿末、青菜末 4 种镶嵌料，制成四喜蒸饺生坯。

（4）将生坯放入刷油的蒸屉中，蒸制 12 分钟。

④ 成品特点 外形整齐美观，色泽搭配合理，大小均匀，鲜嫩适口。

⑤ 操作关键

（1）热水要浇匀。调制过程中，要边浇水边搅拌，浇水要均匀，搅拌要快。

（2）晾凉再揉成面团。如果热气散不尽，制品不但容易结皮，而且表面粗糙，易开裂。

（3）加水量准确。在和面时水要一次性加足，不能成坯后再去调整软硬度。

（4）孔洞大小要均匀，中间四个小孔要清晰，四色搭配可自行选择，但要加满铺平，否则成熟后易塌陷。

月　牙　蒸　饺

任务处理

① 标准食谱

（1）面团食谱：面粉 500 克、热水 280 克。

（2）馅心食谱：基础肉馅 300 克、韭菜 300 克。

② 过程分解图　原料准备至下剂的制作流程与四喜蒸饺相同。

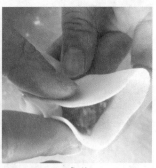

擀皮　　　　　　　　上馅　　　　　　　　成型

半成品蒸制　　　　　　月牙蒸饺成品

③ 操作过程及要求

（1）面团准备与四喜蒸饺相同。下剂，每个剂子 15 克，擀成直径 9 厘米的圆皮。

（2）上馅包制时面皮要保持内高外低，包入调好味的猪肉馅心 15 克。用拇指和食指推捏出瓦楞形花纹，将生坯放入刷好油的蒸屉中。

（3）蒸制 10 分钟即可。

④ 成品特点　形如月牙，提褶清晰均匀，皮薄馅鲜。

⑤ 操作关键

（1）包制时面皮要保持内高外低。

（2）褶纹要清晰均匀，数量不少于 14 个。

（3）馅心不要外漏，保持外观干净。

冠 顶 蒸 饺

 任务处理

① 标准食谱

（1）面团食谱：面粉 500 克、热水 280 克。

（2）馅心食谱：猪肉泥 500 克，葱姜水 100 克，香油 50 克，老抽 50 克，生抽 30 克，蚝油 10 克，盐 5 克，白胡椒粉 8 克。

② 制作过程分解图 原料准备至下剂的制作流程与四喜蒸饺相同。

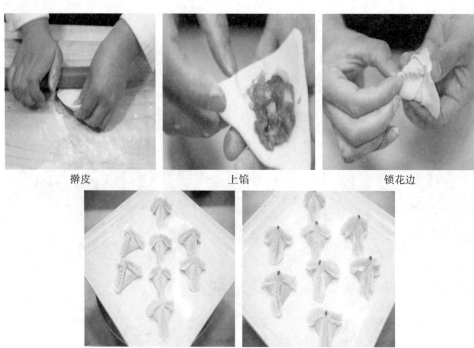

擀皮　　　　　　　上馅　　　　　　　锁花边

半成品　　　　　蒸制成熟

③ 操作过程及要求

（1）面团及面皮准备与四喜蒸饺相同。

（2）调制肉馅打水时，要分次加水，并且朝一个方向搅打，边加水边搅打，搅至水与肉茸完全融合为宜。先加液体调味料，再加粉性调味料，最后封油。调好的肉馅最好冷藏 3～4 小时。

（3）将面皮折起，三面成三角形翻过来，把 10 克馅心放在三角形的中心，用手提起三个角，捏住相邻两边成立体三棱柱，用拇指和食指前后捻捏成花边，最后把压在下面的三个边向外翻。

（4）蒸制 10 分钟即可。

④ 成品特点 形态美观，鲜咸适口。

⑤ 操作关键

（1）面团软硬度要适中。

（2）叠成的三角形三边大小一致。

（3）馅心要居中。

（4）捻捏的花边要均匀。

操作演示
视频

知 了 蒸 饺

任务处理

① 标准食谱

(1)面团食谱：面粉 500 克、热水 280 克。

(2)馅心食谱：基础肉馅 400 克。

(3)配色料：黑木耳末。

② 制作过程分解图 原料准备至下剂的制作流程与四喜蒸饺相同。

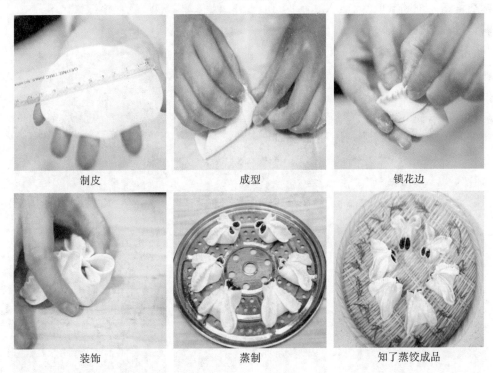

制皮	成型	锁花边
装饰	蒸制	知了蒸饺成品

③ 操作过程及要求

(1)面团及面皮准备与四喜蒸饺相同。

(2)将擀好的面皮分为三等份，将其中两边内折，光面放上馅心。

(3)将内折的两边收紧口，推出双花边，分别与没有内折的一边中点捏紧，然后将内折的部分圆皮翻出，即成有两个眼睛(空洞)和两只翅膀的知了蒸饺生坯。

(4)最后在两个空洞里装上木耳末点缀即成为知了眼睛。

(5)蒸制 10 分钟即可。

④ 操作关键

(1)三边要分均匀。

(2)花边褶纹清晰、均匀。

(3)蒸制时间要恰到好处，时间过长会使蒸饺塌陷。

油 炸 糕

任务描述

油炸糕具有个小、皮薄、花样多三个特点，其品种分豆馅、糖馅、菜馅三种。要求如下：①学会制作油炸糕;②掌握水调面团的形成原理;③掌握油炸糕的制作过程与工艺要求。

任务分析

本任务涉及调制面团、搓条、下剂、制皮、上馅成型、炸制成熟等工艺过程,关键在于调制面团和炸制成熟。

任务处理

操作演示
视频:

面团调制

成型

成熟

① **标准食谱** 面粉 500 克、热水 900 克、白糖 35 克、猪油 15 克、豆沙馅适量。

② **制作过程分解图**

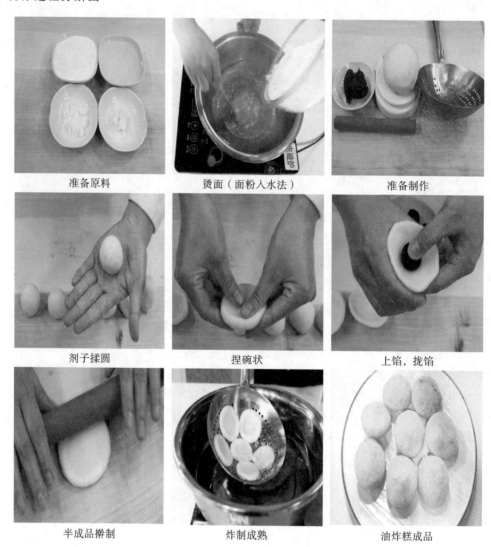

准备原料	烫面(面粉入水法)	准备制作
剂子揉圆	捏碗状	上馅,拢馅
半成品擀制	炸制成熟	油炸糕成品

③ **操作过程及要求**

(1) 将白糖放入水中大火烧开,改小火倒入面粉,边倒边搅,烫透后出锅,摊开晾凉,再加入猪油揉匀,揉成光滑的面团。

(2) 豆沙馅下剂,每个剂子 10 克,团成球状;面团搓条,下剂,每个剂子 35 克。将下好的剂子揉圆,捏成中间厚、边缘薄的碗状。

(3) 包入豆沙馅,采用收拢法收口,擀成直径 7 厘米的圆饼。

Note

（4）锅内加油烧至六成热，放入油炸糕生坯，用勺背轻轻推动，等油炸糕浮起后不断翻动，炸至两面金黄色即可。

④ 成品特点　色泽金黄，外香酥，内软糯香甜。

⑤ 操作关键

（1）调制热水面团时速度要快，面粉要烫透。

（2）烫好的面团晾透后再揉成光滑的面团，面团要封上保鲜膜备用。

（3）制皮的大小要适当，豆沙馅要包正，收口要收紧，半成品要圆整、大小一致。

（4）炸制时掌握好火力，否则会使制品吸油多或吃口发硬，要根据油锅的容量确定一次下锅生坯的数量。

（5）炸制时勤翻动，否则制品两面颜色不均。

理论、技能
知识点
评价表

膨松面团的调制技艺

项目描述

　　膨松面团是在调制面团过程中,添加膨松剂或采用特殊的膨胀方法,使面团发生生物化学反应、化学反应或物理反应,改变面团的性质,产生有许多蜂窝组织、体积膨胀的面团。膨松面团具有疏松、柔软、体积膨胀、充满气体、饱满、有弹性、制品呈海绵结构的特点。膨松面团根据膨松方法的不同,大致可分为发酵面团(生物膨松面团)、物理膨松面团和化学膨松面团三种。

任务一　发酵面团的调制工艺

任务目标

1. 认识并了解发酵面团的概念、原理以及膨松剂的相关知识。
2. 掌握发酵面团的调制方法与注意事项。
3. 掌握发酵面团的发酵因素。

知识准备

一、发酵面团的概念、特点和原理

（一）概念

　　发酵面团,即在面粉中加入适量发酵剂,用冷水或温水调制而成的面团。这种面团通过微生物和自身淀粉酶的作用,发生生物化学反应,使面坯中充满气体,形成均匀、细密的海绵状结构。行业中常常称发酵面团为"酵面",是饮食业面点生产中常用的面团之一。

（二）特点

　　体积疏松膨大、结构细密、充满气孔、呈海绵状、富有弹性、暄软松爽。

（三）原理

　　❶ 面团发酵原理　面团中引入酵母菌(简称酵母)后,酵母即可用葡萄糖作为养分,在适宜的温度下,迅速繁殖增生,进行呼吸作用和发酵作用,产生大量的二氧化碳气体,并同时产生酒精、水和热量。大量产生的二氧化碳气体被面团中的面筋网络包住不能逸出,从而使面团出现了蜂窝组织,变得膨松柔软,当面团的温度达到 33 ℃时,在酵母繁殖的同时醋酸菌也大量繁殖,并分泌氧化酶,氧化酶将面团发酵生成的酒精分解为醋酸和水,使面团产生酸味和酒香味,这就是酵母发酵的过程。发酵时间越长,产生的酸味就越浓。

❷ **生物膨松剂**　生物膨松剂也称为生物发酵剂,是利用酵母在面团中生长繁殖产生二氧化碳气体,使制品膨松柔软。

(1)生物膨松剂分类。目前常用的生物膨松剂有三大类:第一类是酵母,包括液体酵母、固体酵母和活性干酵母;第二类是面肥(老面发酵);第三类是酒酿发酵。

(2)生物膨松剂的特点。常用酵母发酵,其特点是发酵力强,制品口味醇香。老面发酵由于菌种不纯,面团发酵后产生酸味,需兑碱才能制作面点。活性干酵母具有便于储存保管的特点,被越来越多的从业者使用。

❸ **影响面团发酵的因素**

(1)温度与湿度。温度是影响酵母发酵的重要因素。酵母发酵有一定要求:温度范围一般控制在 25～30 ℃,湿度范围为 25～27 ℃。若做面包的话,湿度就控制在 70%～80%。如果温度过低会影响发酵速度;温度过高,虽然可以缩短发酵时间,但会给杂菌生长创造有利条件而使面团变酸。当然,发酵的温度和湿度还是要根据具体的品种、醒发箱温度、湿度差异而定,控制不好很容易出现质量事故。

(2)酵母的用量。在面团发酵过程中,发酵力相等的酵母,用在同品种、同条件下进行面团发酵时,如果增加酵母的用量,可以加快面团发酵速度。反之,如果减少酵母的用量,面团发酵速度就会显著地减慢。所以在面团发酵时,可以用增加或减少酵母的用量来适应面团发酵工艺要求。在一般情况下用特制粉生产面包时,酵母的用量为面粉用量的 0.6%～1%;用面包粉生产面包时,酵母的用量为面粉的 1%～1.5%。

(3)面粉质量。不同面粉质量产生的影响主要是面粉中面筋和酶的影响。如果面粉含有弱力面筋时,面团发酵时所生成的大量气体不能保持而逸出,容易造成面包坯塌陷,所以面包生产应选择高筋粉。

(4)水。在调制面团的过程当中应根据当时的气候条件来调节水温。比如夏季可用略温的水调面、春秋季用温水、冬季用温热水,最终使调制好的面团温度处于 30 ℃左右,有利于酵母菌在一定范围内的生长繁殖。面团中含水量越高,酵母芽孢增长越快,反之则越慢。所以面团越软越能加快发酵速度。一般情况下面粉与水的比例为 2∶1。

(5)其他配料。首先是盐,盐能抑制酶的活性。因此,盐添加量越多,酵母的产气能力越受到限制,但盐可增强面筋筋力,使面团稳定性增大,所以盐是面团发酵必不可缺的配料之一。其次是糖,糖的使用量为面粉的 4%～6% 时,能促使酵母发酵,超过这个范围,糖量越多,发酵能力越受抑制。最后是油,油能抑制面团中面筋网络的形成,影响面粉的吸水能力。

(6)发酵时间。发酵时间的长短对发酵制品的成败是至关重要的。发酵时间过短,面团发硬不胀发,色香质差,影响成品的质量;发酵时间过长,面团变得稀软无筋。因此发酵时间要根据酵母(或面肥)的数量、水温、气温等因素多方面考虑。

二、发酵面团的调制方法

(一)压榨鲜酵母调制方法

取 10 克压榨鲜酵母,加入适量温水,用手捏和成稀浆发酵液,再加入 500 克面粉、适量水、糖调制成面坯,静置醒发后即可发酵。

采用压榨鲜酵母发酵工艺应该注意两点:第一,稀浆状的发酵液不可久置,否则易酸败变质;第二,压榨鲜酵母不能与盐、高浓度的白糖溶液、油脂直接接触,否则因渗透压作用破坏酵母细胞,影响面坯的正常发酵。

(二)活性干酵母调制方法

将 5 克干酵母溶于 250 克温水中,加入 10 克白糖、500 克面粉调制成光滑面坯,盖上一块干净的湿布,静置醒发,直接发酵。在冬季调制面团时酵母的量可增加,最多不可超过面粉量的 2%。

（三）面肥发酵调制方法

取面肥 50 克，加入温水，调制成均匀的面肥溶液，再加入 500 克面粉混合均匀，揉成光滑的面坯，静置醒发，直接发酵。

三、发酵面团的调制关键点

❶ **严格掌握酵母与面粉的比例**　加入酵母量以占面粉量的 0.6％～1％为宜。

❷ **严格掌握糖与面粉的比例**　适量的糖可以为酵母菌的繁殖提供养分，促进面坯发酵；但糖的用量不能太大，因为糖的渗透压作用会妨碍酵母繁殖，从而影响发酵。

❸ **严格掌握水与面粉的比例**　含水量多的软面坯，产气性好，持气性差；含水量少的硬面坯，持气性好，产气性差。所以水、面的比例以 50％～55％为宜。

❹ **根据气候情况，采用合适的水温**　温度对面坯的发酵影响很大，气温太低或太高都会影响面坯的发酵。冬季发酵面坯，可将水温适当提高；夏季则应该使用凉水。

❺ **严格控制发酵温度**　25～35 ℃是酵母发酵的理想温度。温度太低，酵母繁殖困难；温度太高，不但会促使酵母的活性加强，使面坯的持气性变差，而且有利于乳酸菌、醋酸菌的繁殖，使制品酸性加重，影响口感。

 **代表品种实例**

柳 叶 素 包

▶ **任务描述**

柳叶素包是一款生物膨松面团的面食，形似柳叶，小巧玲珑，香甜绵软，是餐桌上常见的品种之一。要求如下：①学会制作柳叶素包。②灵活掌握柳叶素包成型手法与技巧。

▶ **任务分析**

本任务涉及调面、揉面、调馅、上馅、成型、醒发等工艺过程，关键在于发酵的程度及成型手法。

▶ **任务处理**

❶ **标准食谱**　面粉 500 克、酵母 5 克、白糖 30 克、水 235 克、韭菜 500 克、鸡蛋 200 克、虾皮 100 克、木耳 80 克、葱油 50 克、盐 5 克、鸡精 5 克。

❷ **制作过程分解图**

准备面团原料　　　　　　准备馅心原料　　　　　　调制面团

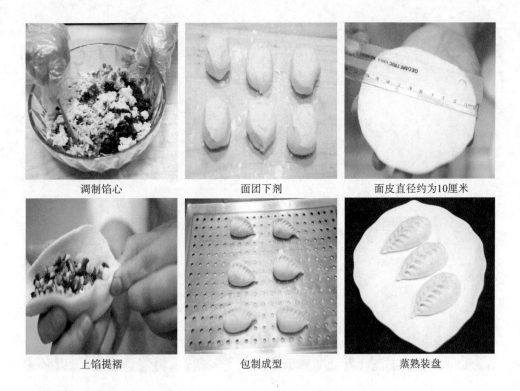

调制馅心	面团下剂	面皮直径约为10厘米
上馅提褶	包制成型	蒸熟装盘

❸ **操作过程及要求**

（1）调制发酵面团，将发酵面团揉匀揉透，搓成长条（或者用压面机压匀，卷成筒状），下剂，每个剂子 50 克。

（2）将剂子擀成中间稍厚、两边薄、直径约 10 厘米的面皮，左手托住面皮，右手把调好的馅心放入其中，向中间对折。

（3）先用右手拇指和食指把面皮一端向馅心捏进一角，两指交叉捏出 8～10 对对褶，呈现纹路均匀、对称的两排叶径花纹，直至末端。

（4）适当进行整形，使之尾部肥大，顶部细尖，像柳叶状。放入刷油带眼蒸屉中醒发，体积膨胀约 1.5 倍，蒸制 15 分钟。

❹ **成品特点**　宛若一片柳叶，褶皱清晰、对称，形态饱满、挺拔、美观。

❺ **操作关键**

（1）面团要揉透，皮面的光洁度要高。

（2）注意手指的相互配合、协调，捏出的纹路要清晰。

（3）两侧纹路细密、均匀、清晰，中间的主经脉要粗大、平滑。

菊 花 顶 蒸 包

▶ **任务描述**

菊花顶蒸包是我国传统食品之一，一般是用发酵面团做皮，用菜、肉或糖等做馅儿。不带馅的则称为馒头。南方有些地区，馒头与包子是分不开的，当地人民将带馅的包子称作肉馒头。比较有名的包子要属扬州三丁包子、天津狗不理包子。要求如下：①掌握提褶包制手法。②学会调制各种馅心。③掌握面团的醒发标准。

→ **任务分析**

本任务涉及调面、揉面、调馅、上馅、成型、醒发等工艺过程,关键在于发酵的程度及成型手法。

→ **任务处理**

❶ **标准食谱**　面粉 500 克、酵母 5 克、温水 240 克、泡打粉 5 克、调制好的猪肉馅 600 克、白菜 800 克。

❷ **制作过程分解图**

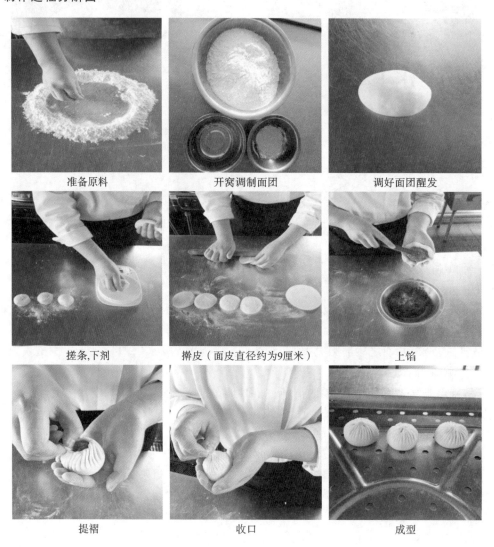

| 准备原料 | 开窝调制面团 | 调好面团醒发 |

| 搓条,下剂 | 擀皮（面皮直径约为9厘米） | 上馅 |

| 提褶 | 收口 | 成型 |

❸ **操作过程及要求**

（1）调制发酵面团,揉匀揉透,下剂,每个剂子 30 克,将剂子按扁。

（2）将压扁的剂子擀成中间稍厚、边缘稍薄的直径 9 厘米的面皮。

（3）左手托面皮,右手放入 25 克的馅心。包制时右手的拇指在内侧、食指在外侧包边提褶,捏出 18～26 个褶子,并收口,面坯呈鱼篓状。

（4）放入醒发箱,待体积是原来的 1.5～2 倍时,蒸制 15 分钟。

❹ **成品特点**　色泽洁白,形态饱满,褶子均匀且不少于 18 个,馅心咸鲜多汁。

⑤ **制作关键**

（1）发酵面团软硬适当。

（2）左右手配合紧密，收口小巧、自然，呈鱼篓状。

（3）包制时馅心居中，动作要轻，不可将馅心挤出，收口要捏紧。

风 味 馅 饼

→ **任务描述**

风味馅饼是一种家常食品，通常由饼皮包着馅料，制作方式有烙、煎等。馅料可以是各类型的食材，例如肉类、蔬菜、海鲜及蛋类等，以咸香鲜口味为主。要求如下：①会调制风味馅饼的馅心。②会调制生物膨松面团（软发面）。③掌握风味馅饼的成型手法。

→ **任务分析**

本任务涉及调面、摔面、调馅、包馅、成型、醒发、烙制等工艺过程，关键在于面团醒发、成型手法与成熟。

→ **任务处理**

① **标准食谱**

面团食谱：面粉 500 克、酵母 3 克、温水 400 克。

馅心食谱：包菜 400 克、大葱 100 克、调制好的肉馅 250 克、炸葱花 5 克。

调料食谱：味精 5 克、鸡精 5 克、葱油 30 克、老抽 30 克。

② **制作过程分解图**

调面	用温水将酵母化匀	放入和面机
采用"慢2快3"调制面团	准备包菜末	调好肉馅

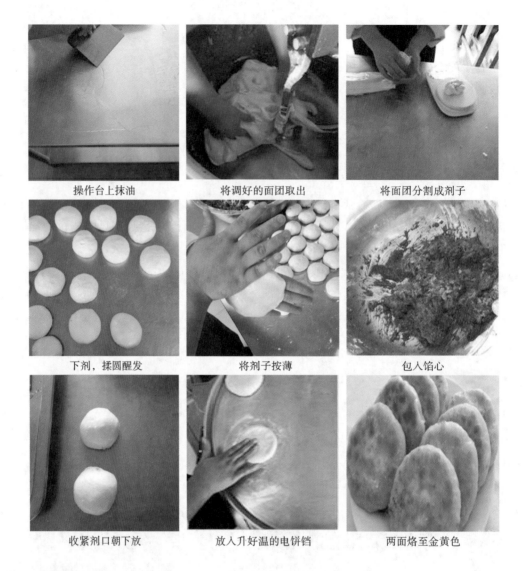

操作台上抹油	将调好的面团取出	将面团分割成剂子
下剂，揉圆醒发	将剂子按薄	包入馅心
收紧剂口朝下放	放入升好温的电饼铛	两面烙至金黄色

❸ **操作过程及要求**

（1）在面粉中加入酵母和温水调成软硬适中的面团。

（2）包菜切成 0.1 厘米的末。

（3）大葱切成 0.2 厘米的末。

（4）调好肉馅 250 克、包菜 400 克、大葱 100 克等。

（5）加入调味料调成馅料。

（6）面团下剂，每个剂子 80 克，包入馅心 50 克。

（7）电饼铛温度设置上下火 180 ℃，淋油后将饼放入，烙至两面金黄色。

（8）装盘即可。

❹ **成品特点** 色泽金黄、外脆里嫩、咸香可口。

❺ **操作关键**

（1）面团下剂，每个剂子 80 克，馅心每个 50 克。

（2）皮馅总共 130 克。

（3）烙制温度：电饼铛上下火设置为 180 ℃。

喜 饼

→ **任务描述**

喜饼是婚嫁的传统食品,尽管如今婚礼形式越来越不拘一格,但不少新人仍买喜饼、送喜饼。

每人 200 克面粉,自己独立操作完成 10 个品种。要求如下:①掌握喜饼的醒发标准;②掌握生物膨松面团的调制;③掌握喜饼的成型手法。

→ **任务分析**

本任务涉及调面、揉面、压面、下剂、揉圆、成型、醒发、烤制等工艺过程,关键在于面团醒发、成熟。

→ **任务处理**

① **标准食谱** 面粉 400 克、油 40 克、白糖 80 克、鸡蛋 3 个、温水 50 克、面包改良剂 2 克、酵母 4 克。

② **制作过程分解图**

准备原料	白糖、油、鸡蛋混匀	揉成面团
压成长方形面片	卷成条状	下剂,揉圆
稍醒10分钟	擀成直径5.5厘米的圆片	放入刷油蒸屉,入醒发箱

成熟装盘

③ 操作过程及要求

（1）调面：将面包改良剂放进面粉拌匀，开窝，加入油、白糖、鸡蛋搅匀，拌成雪花状，加入酵母水，成团，用压面机压匀。

（2）下剂：每个剂子30克。

（3）成型：转揉成馒头状，略醒（5～10分钟），擀成直径5.5厘米的圆片。

（4）醒发：放进醒发箱，醒发30～60分钟。

（5）成熟方法：烤制，上火200 ℃、下火190 ℃，烤至两面金黄即可。

④ 成品特点　色泽金黄、形状饱满、香甜适口。

⑤ 操作关键

（1）剂子大小一致，不可忽大忽小。

（2）收口在底部。

（3）擀饼时用力均匀，圆饼厚薄一致。

水　煎　包

任务描述

　　水煎包为传统风味小吃，距今已有500多年的历史，起源于东京汴梁城（古都开封），在华北和中原地区颇为流行，如今主要以菏泽水煎包、黄河口水煎包（传承利津水煎包制作工艺）最为著名。水煎包色泽金黄，外脆里嫩，十里飘香，让人口水直流。

　　每人独立完成10个水煎包的制作，要求如下：①会调制水煎包的馅心；②会调制生物膨松面团；③掌握水煎包的成型手法。

任务分析

　　本任务涉及调面、揉面、调馅、包馅、成型、醒发、成熟等工艺过程，关键在于面团醒发、成型手法与成熟。

任务处理

① 标准食谱

面团食谱：500克精粉、5克酵母、3克泡打粉、3克糖、260克水。

面糊水食谱：500克水、10克面粉、8克玉米面。

煎包肉丁馅食谱：猪肉丁500克、葱花20克、姜末15克、葱油20克、盐3克、鸡粉5克、味精5克、老抽25克、生抽30克、油33克、面酱100克、韭菜250克。

❷ 制作过程分解图

韭菜洗净　　　　　　将韭菜切成约0.7厘米的段　　　　擀直径9厘米圆皮

食指、中指和无名指兜住　　　包好的煎包要醒发　　锅烧热，放入煎包，煎至两面都上色

锅底的糊烧干后再倒豆油　　　整个底面金黄后，出锅

❸ 操作过程及要求

（1）韭菜洗净控水，不要切得太长，切成约0.7厘米的段。

（2）下剂，每个剂子40克，擀直径9厘米、中间厚、边缘薄的圆皮。

（3）左手食指、中指和无名指要兜好煎包底，每个皮内包入60克韭菜、15克调好的猪肉馅。

（4）将包好的煎包醒发30分钟。

（5）锅烧热，煎包煎至两面都上色，颜色要均匀，倒入称好的面糊，烧13分钟，烧至无面糊，浇入豆油。

（6）锅底的糊烧干后再倒豆油。糊烧干后再浇豆油，豆油倒入过早，糊硬度不好，容易打散。

（7）整个底面金黄后，出锅。

❹ 成品特点　色泽金黄、外脆里嫩、咸香可口。

❺ 操作关键

（1）如果擀制的面皮中间太薄，在包制过程中，韭菜易将其扎破。若边缘太厚，收口后，收口处会出现大面疙瘩。

（2）控制煎包的底部，使其不破。

（3）醒发很关键，如果醒发不够，煎包会"发死"，如果醒发过度，煎包也会"发死"、发硬，口感不佳。

❧ 南 瓜 窝 头 ❧

→ **任务描述**

俗语说，"嫩南瓜当菜，老南瓜当粮"。秋天黄灿灿的南瓜很诱人，用南瓜泥做的主食会经常出现在家里的餐桌上。下面我们来学习南瓜窝头的制作，粗粮细做。

每人制作 10 个南瓜窝头。要求如下：①会打制南瓜汁；②会调制生物膨松面团；③掌握窝头的醒发及成型手法。

→ **任务分析**

本任务涉及调面、揉面、搓条、下剂、成型、醒发、蒸制等工艺过程，关键在于面团醒发、成型手法。

→ **任务处理**

❶ **标准食谱** 面粉 500 克、酵母 6 克、南瓜汁 200 克、温水 50 克。

❷ **制作过程分解图**

准备原料   调制面团   搓条、下剂

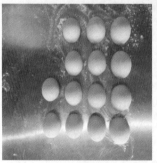
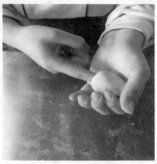

将剂子揉圆   左手和右手配合成型

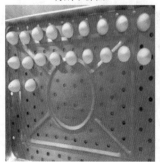
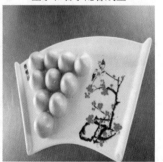

放入已刷油的蒸屉中   蒸制15分钟出锅

❸ **操作过程及要求**

（1）将南瓜蒸熟，加水打成南瓜汁（南瓜与水的比例为 1∶1.2）。

（2）将面粉、酵母、温水搅匀，开窝，倒入南瓜汁调制面团。

（3）将调好的面团压匀搓条下剂，每个剂子 30 克。

（4）用右手的拇指和食指固定面团，放在左手掌心处揉面。

（5）用右手食指表面蘸少量的油，再用右手的食指将面团揉捏成型。

（6）醒发，将其蒸制 20 分钟成熟。

❹ **成品特点**　外形饱满、口感暄软、营养丰富。

❺ **操作关键**

（1）剂子要揉匀，表面光滑，收口朝下。

（2）在戳窝的时候用力要均匀，不可出现一边厚一边薄。

（3）窝头高度不宜太高。

任务二　物理膨松面团的调制工艺

 任务目标

1. 认识并了解物理膨松面团的概念、特点与原理等的相关知识。
2. 掌握物理膨松面团的调制方法与注意事项。
3. 掌握物理膨松面团的代表品种工艺。

知识准备

一、物理膨松面团的概念、特点及原理

（一）概念

物理膨松面团是用具有胶体性质的鸡蛋清做介质，通过高速搅打的物理运动充气方式使面团膨松而制成的面团，行业中也称为蛋泡面团、蛋糊面团。

（二）特点

体积疏松膨大，组织细密暄软，呈海绵状多孔结构，有浓郁的蛋香味。

（三）原理

物理膨松的基本原理是以充气的方法，使空气存在于面团中，通过充气和加热，使面团体积膨大、组织疏松。用作膨松充气的原料必须是胶状物质或黏稠物，具有包含气体并不使之逸出的特性，常用的有鸡蛋和油脂。以鸡蛋制品为例，鸡蛋的蛋白有良好的起泡性能，通过同一方向的高速抽打，一方面打进许多空气，另一方面使蛋白质发生变化。其中，球蛋白的表面张力被破坏，从而增加了球蛋白的黏度，有利于使打入的空气形成泡沫并被保持在内部。因蛋白胶体具有黏性，空气被稳定地保持在蛋泡内，当受热后空气膨胀，因而制品疏松多孔，柔软，面有弹性。

二、物理膨松面团调制方法

一般有两种制作方法。

①方法一 采用打蛋容器。按比例将蛋液、白糖放入容器中,用打蛋器高速搅打蛋液,使之互溶,均匀乳化,为白色泡沫状,直至蛋液中充满气体且体积增至原来体积的 3 倍以上,成蛋泡糊,然后将面粉过箩,倒入蛋泡糊,抄拌均匀即成蛋泡面团。

②方法二 将一定比例的蛋液、白糖、蛋糕乳化油放入打蛋桶内拌匀,再加入面粉,开动电动打蛋器或用手抽打。正常室温下抽打 7～8 分钟,即成蛋泡面坯。使用蛋糕乳化油制作蛋泡面团,工艺简单、效率更高,成品细密、膨松、色白、胀发性强、质量更好。

三、物理膨松面团调制的注意事项

(1) 选用含氮物质高、灰分少、胶体溶液的浓稠度强、包裹气体和保持气体能力强的新鲜鸡蛋。

(2) 面粉必须过箩。

(3) 抽打蛋液时必须始终朝一个方向,并且以能立住筷子为准。

(4) 所有工具、容器必须干净、无油。

(5) 如采用"方法一"工艺,面粉拌入蛋液时,只能使用抄拌的方法,不能搅拌,拌的时间不宜过长,否则影响成品质量。

 **代表品种实例**

海 绵 蛋 糕

➡ 任务描述

海绵蛋糕是利用蛋白起泡性能,使蛋液中充入大量的空气,加入面粉烘烤而成的一类膨松点心。海绵蛋糕因结构类似于多孔的海绵而得名,国外称为泡沫蛋糕,国内称为清蛋糕。要求如下:①掌握海绵蛋糕制作的配方及制作过程;②了解物理膨松面团的原理;③掌握烤箱的使用。

➡ 任务分析

本任务涉及成熟等工艺过程,关键在于面团醒发、成型手法与成熟。

➡ 任务处理

①标准食谱 鸡蛋 500 克、白糖 250 克、低筋粉 250 克、色拉油 30 克、蛋糕油 20 克、牛奶及清水适量。

② **制作过程分解图**

　　　称量原料　　　　　　白糖、鸡蛋放入并搅打　　　　　　慢速打发

　加入低筋粉、蛋糕油　　　　加入牛奶、色拉油　　　　　　打好面糊

　　　取出放入模具中　　　　　　　晾凉切块

③ **操作过程及要求**

（1）将鸡蛋、白糖搅匀,至无糖颗粒。

（2）慢速加入低筋粉、蛋糕油,再快速打发。

（3）中速加入牛奶、色拉油,搅拌至均匀、细腻。

（4）烤盘铺油纸,倒入打好的蛋糊,用刮板刮平整。

（5）烘烤(上下火 190 ℃,烤 30 分钟),凉透后切制。

④ **成品特点**　色泽美观、绵软香甜,鸡蛋香味浓郁。

⑤ **操作关键**

（1）搅打蛋液时,工具和容器不能沾油,但在搅打时加入蛋糕油和色拉油以防破坏蛋清的黏性。

（2）严格控制搅拌温度,一般在 20～25 ℃,太高,蛋液变得稀薄,无法保住气体;太低,气体不易搅拌进入。

（3）烘烤温度不宜过高,防止外糊里不熟。

操作演示
视频

任务三 化学膨松面团的调制工艺

任务目标

1. 认识并了解化学膨松面团的概念、分类与原理等的相关知识。
2. 掌握化学膨松面团的调制方法与注意事项。
3. 掌握化学膨松面团代表品种的工艺。

知识准备

一、化学膨松面团的概念、分类和原理

（一）概念

面粉中掺入化学膨松剂，利用其产气性质制成的膨松面团，称为化学膨松面团。在实际工作中，化学膨松面团中往往还要添加一些辅料，如油、糖、蛋、乳等，使成品更有特色。

（二）分类

主要介绍化学膨松剂的分类。

❶ **发粉**　如小苏打（碳酸氢钠）、臭粉（碳酸氢铵）、发酵粉（又名泡打粉），可单独调制面团。
❷ **矾（硫酸铝钾）、碱（碳酸钠）、盐（氯化钠）等**　需要结合其他膨松剂使用。

（三）原理

面团内掺入化学膨松剂调制后，在加热成熟时受热分解，可以产生大量的气体，这些气体和酵母产生的气体作用是一样的，也可使成品内部形成均匀的多孔性组织，达到膨大、酥松的目的，这就是化学膨松剂的基本原理。

二、化学膨松面团调制的注意事项

使用化学膨松剂调制化学膨松面坯需注意以下几个问题。

（1）准确掌握各种化学膨松剂的使用量：目前使用的化学膨松剂效率较高，操作时必须谨慎。小苏打的用量一般为面粉的 $0.5\% \sim 1\%$，臭粉的用量为面粉的 $0.5\% \sim 1\%$，发酵粉可按其性质和使用要求按面粉的 $1\% \sim 2\%$ 的比例掌握用量。

（2）调制面坯时，化学膨松剂须用凉水化开，不宜使用热水。如使用热水溶解或调制，化学膨松剂受热会分解出一部分二氧化碳，从而降低膨松效果。

（3）用手和少量面坯时，要采用"复叠"的手法，否则面坯容易上劲、泻油。

（4）要将面坯和匀、和透，否则化学膨松剂分布不匀，成品易带有斑点，影响质量。

由于各种化学膨松剂的化学成分各不相同，所以不同面团加入不同膨松剂后其膨松程度也有所不同，因此要注意以下几点。

（1）正确选择化学膨松剂。根据不同的品种选用不同的膨松剂。例如：小苏打适用于高温烘烤的糕饼类制品，如桃酥、甘露酥等，也适用于制作面粉发酵面团品种，臭粉比较适宜制作薄形糕饼，因加热后气味难闻，薄形糕饼面积大、用量小，气味易挥发，当然也可制作馒头，如广东的开花包就是用臭粉制作的，最好等成品冷却后使用，制作油条类可用矾、碱、盐等膨松剂。

（2）严格控制化学膨松剂的使用量。用量多，面团苦涩；用量不足，则成品不膨松，影响质量。

例如：小苏打用量一般为面粉重量的 1%～2%；臭粉的用量为面粉重量的 0.5%～1%；制作油条时，矾、碱的使用量为面粉重量的 2.5%，另外根据季节的不同可灵活掌握。

（3）科学掌握调制方法。在溶解化学膨松剂或在调制放入了化学膨松剂的面团时，应使用凉水。化学膨松剂遇热会起化学反应，分解出部分气体，使成品在成熟时不能产生膨松效果而影响质量，加入化学膨松剂的面团必须揉匀、揉透，否则成熟后成品表面会出现黄色斑点，并影响口味。

 **代表品种实例**

❧ 油 条 ❧

 **任务描述**

油条成品色泽金黄，外酥内松软，口感松脆有韧劲，是中国传统早点之一。油条在广东、福建称油炸鬼或炸面，在潮汕等地称之为油炸粿，河南方言称之为油馍，而北方亦称馃子。

每人 250 克面团，自己独立完成 10 个成品。要求如下：①能灵活控制油温；②会调制化学膨松面团；③掌握油条的成型手法。

任务分析

本任务涉及搅打面团、醒面、擀片、切条、成型、炸制等工艺过程，关键在于油温的控制与成型手法。

任务处理

❶ **标准食谱** 面粉 1350 克、鸡蛋 4 个、泡打粉 45 克、精盐 30 克、小苏打 5 克、臭粉 5 克、色拉油 75 克、水和冰块 850 克（其中冰块 400 克）。

❷ **制作过程分解图**

准备原料

搅打面团

擀成长方形面片

擀成厚度为0.3厘米的面片

将面片其切成长条

在长条表面竖着抹水

未抹水的长条摞在抹水的长条上

切去两头

放入升好温的锅中

炸至金黄色

③ **操作过程及要求**

（1）以上原料称量准确。

（2）将泡打粉、臭粉、小苏打、鸡蛋、精盐倒入打蛋器内,使用慢档搅匀。

（3）加入水和冰块先以慢档搅成团后用快档搅打出筋力。

（4）面团快好时最后加入色拉油（也要先慢快）。

（5）面团调好后用保鲜膜包好,放入恒温冰箱冷藏2小时后再使用。

（6）将醒好的面团擀成厚度为0.3厘米的长方形面片。

（7）将擀好的长方形面片切成长16厘米、宽3厘米的长条。

（8）将其中没有抹水的长条用手托起来摞在抹过水的长条上。

（9）分别将两头切齐,去掉两头后的长条长度为14厘米,用筷子竖着在条的中间压一下即可,无须抻拉,直接放入热油中炸制成金黄色。

④ **成品特点**　色泽金黄、外脆里松软,咸香可口。

⑤ **操作关键**

（1）擀制的长方形面片的厚度为0.3厘米。

（2）切条的长度为16厘米,去掉两头后的长度为14厘米（无须抻拉直接炸）。

（3）炸制温度:180～200 ℃。

🍃 香 脆 麻 花 🍃

▶ **任务描述**

麻花,是中国的一种特色油炸面食小吃,是由两三股条状的面拧在一起用油炸制而成。传说是东汉人柴文进发明了麻花。在中国北方地区,立夏时节有吃麻花的古老习俗。

每人 250 克面团,自己独立完成 20 个成品。要求如下:①能灵活控制油温;②会调制麻花面团;③掌握麻花的成型手法并独立完成。

⊙ 任务分析

本任务涉及搅打面团、醒面、擀片、切条、成型、炸制等工艺过程,关键在于油温的控制与成型手法。

⊙ 任务处理

❶ **标准食谱**　面粉 500 克、白糖 80 克、鸡蛋 1 个、花生油 50 克、臭粉 2 克、小苏打 2 克、泡打粉 5 克、水 110 克。

❷ **制作过程分解图**

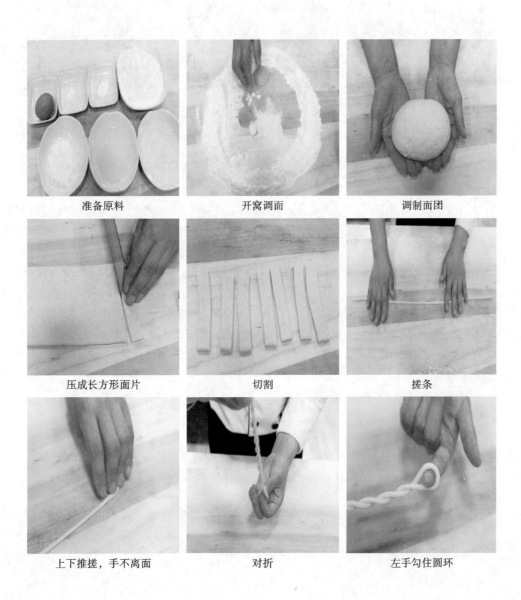

准备原料　　　　　　　开窝调面　　　　　　　调制面团

压成长方形面片　　　　切割　　　　　　　　　搓条

上下推搓,手不离面　　　对折　　　　　　　左手勾住圆环

继续搓条	再次对折，整形	成型
炸制	出锅	装盘

❸ **操作过程及要求**

(1) 调面：将泡打粉放入面粉中调匀，将小苏打、臭粉放入水中调匀，鸡蛋搅匀，倒入面粉中调成面团，将面团压成 0.5 厘米厚的长方形面片。

(2) 成型：将长方形面片切成宽度均匀的长条，每个 10 克，将长条用掌根搓成粗细均匀的细长条，约 40 厘米，一只手向上搓，另一只手向下搓，搓成绳状，对折，再搓，再对折，最后将一头塞进另一头。

(3) 将油温升至 150 ℃，下锅，再将油温升至 170 ℃，炸制时不断搅动油面，使麻花受热均匀，炸至金黄色出锅。

❹ **成品特点** 色泽金黄，甘甜香脆。

❺ **操作关键**

(1) 长条长短一致。

(2) 搓条粗细均匀。

(3) 麻花瓣之间要紧致，不可有缝隙。

(4) 油要干净清洁。

理论、技能
知识点
评价表

➡ **项目检测**

1. 简答题 影响面团发酵的因素有哪些？

2. 互动讨论题 结合实训课堂内容，同学们互相交流生物膨松面团调制的要领和注意事项。

Note

油酥面团的调制技艺

项目描述

　　油酥面团是指用油和面粉作为主要原料调制而成的面团。其次根据制品的不同还可以添加鸡蛋、白糖、盐等辅料。其制品具有干香酥松、体积膨松、色泽美观、口味多变、营养丰富等特点。油酥面团品种繁多,制作要求各不相同,成型方法也各有特色,但按酥皮制作特点大致可分为层酥面团和单酥面团两种。

　　油酥面团还可从另外多种角度进行分类:①根据成品是否有酥层,可分为层酥和单酥两种;②根据酥层的外露情况可分为明酥、暗酥和半暗酥三种;③根据酥层呈现的形式,分为圆酥和直酥两种;④根据包酥面团的大小,可分为大包酥和小包酥两种;⑤根据酥皮原料的不同可分为水油皮、蛋面皮、酵面皮等。

　　油酥面团成团主要是因为在调制面团时使用了一定量的油脂。油脂是一种胶体物质,具有一定的黏性和表面张力,当油脂渗入面粉,面粉颗粒被油脂包围后,黏结在一起,因油脂的表面张力强,不易化开,所以油和面粉开始结合得不太紧密(比面粉与水结合松散得多),但经过反复揉擦,扩大了油脂颗粒与面粉颗粒的接触面,充分增强了油脂的黏性,使其粘连逐渐成为面团。

任务一　层酥面团的调制工艺　💻

1. 认识并了解层酥面团的成团原理及起层原理。
2. 掌握层酥面团不同酥心、酥皮的调制方法。
3. 掌握层酥面团的制作过程,并能制作出常见的层酥制品。

一、层酥面团的概念、调制与操作要领

（一）概念

　　层酥面团由皮面和酥面两块面团组合而成,其成品色泽洁白、外形美观、层次清晰,是酥松类制品中的精品。层酥类制品制作工艺复杂、精细,制作要求高,根据使用的原料及制作方法的不同,层酥分为包酥类和擘酥类。

（二）调制与操作要领

❶ 水油面的调制与操作要领

　　（1）水油面的性能和作用。水油面是用油、水、面粉拌和调制而成的同时兼有水调面团和油酥面团两种性质特点的面团,既有水油面团的筋力、韧性和保持气体的能力(但能力比水调面团弱),又有油酥面团的润滑性和酥松性(但酥松性不如干油酥)。如果单独用来制作面点,成品比较僵硬,酥性不足。它能与干油酥配合使用,形成层次,使皮坯具有良好的造型和包捏性能,并能使成品具有完美的形态和膨松酥松的特点。

(2)水油面调制的操作要领。

①正确掌握水、油的配料比例。一般情况下,面粉、水、油的比例为 1∶0.4∶0.2,即每 500 克面粉掺水 200 克、油 100 克,其中水与油的比例为 2∶1,这个比例还应视品种要求灵活掌握。

②反复揉搓。面团要反复揉搓,揉匀搓透,否则,制成成品容易产生裂缝。

③防干裂。揉成面团后,上面要盖一层湿布,以防开裂、结皮。

❷ 酥心制作的操作要领

(1)反复揉擦。反复擦透、擦顺,增加油滑性和黏性。

(2)掌握配料比例。面粉和油脂的比例一般为 2∶1,即每 500 克面中放 250 克油脂,一般使用猪油、植物油、起酥油。

(3)了解油脂性能。调制干油酥时一定要用凉油,否则黏结不起,制品容易脱壳与炸边。调制所用的油脂,以猪油为好,因为常温下,猪油呈固态,调制油酥时呈鳞片状;而用植物油常温下为液态,调制油酥时呈圆球状。所以用同量的油,猪油润滑面积比较大,制成成品则更酥一些,色泽也更好。

(4)掌握干油酥的软硬度。干油酥的软硬度应与水油面软硬度基本一致,否则一硬一软,将影响酥层。例如,水油面太软,干油酥太硬,擀制时不易擀均匀,影响层次;水油面太硬,干油酥太软,操作时会产生破酥现象,同样影响层次与成品质量。

(5)正确选用面粉。调制油酥面团一般用筋力较小的面粉,这类面粉不易形成面筋质,起酥效果较好。

二、层酥面团的起酥方法

根据起酥的方法可以分为大包酥和小包酥两种。

❶ 大包酥　将水油皮制成圆饼,把干油酥放入包好,擀成 1 厘米厚的长方形薄片,对叠 3 层,再擀成 0.5 厘米厚的长方形面片,从一头捏住卷紧呈圆柱形,再分成剂子,一次大包酥可以做几十个生坯。大包酥的优点是操作速度快,效率高;缺点是制出成品较粗糙,起酥效果差。此法适宜大批量生产。

❷ 小包酥　把水油面团和干油酥面团均按制品分量的要求,分成大小相同的剂子,逐个将干油酥面剂包入水油酥面剂中,收好口,擀成长椭圆形,从一头卷紧,再顺长擀薄,再从一头卷起,然后整理成坯剂,一次只可以做一两个。小包酥的优点是酥层均匀,起酥效果好,皮面光滑,制品精细;缺点是速度慢,效率低。此法适合花色酥点。

三、明酥的概念、表现形式与操作要领

(一)明酥的概念

凡是成品层次外露,表面能看见非常整齐均匀的酥层,都是明酥,如眉毛酥、荷花酥、葫芦酥等。

(二)明酥的表现形式

明酥的表现形式有圆酥和直酥两种。

❶ 圆酥　酥层呈螺旋状的是圆酥。圆酥利用折叠和卷酥制作而成。用圆酥来制作明酥制品,起酥卷时一般要卷得粗一些,剂子要切得短一些,这样可使制品表面层次多而清晰,成品更加美观。

❷ 直酥　酥层呈直线状的是直酥。直酥利用折叠或排酥制作而成,这种起酥方法一般用于制

作立体的油酥造型,对层次要求高。

（三）明酥制品的操作要领

明酥制品的质量要求较高,除油酥制品的一般要求之外,特别要求表面要层次清晰、均匀,因此操作时注意以下几点。

❶ 圆酥的操作要领

（1）卷时要卷紧,可适当喷点水,接口处抹蛋清,否则在炸制时容易飞酥。

（2）用刀切剂时,下刀要利落,防止相互粘连,宜推刀切,不宜锯刀切。

（3）按皮时要按正,擀时要用力适当均匀,螺旋纹不偏移。

（4）包馅时将层次清晰的一面朝外,若用两张皮时,可用起酥好的一张作为外皮。

❷ 直酥的操作要领

（1）起酥擀长方形薄片时,用力要均匀,厚薄一致,形态规则。

（2）切片以速度快为主,且要求宽度相等,均匀一致。

（3）坯皮刷蛋清不能多,否则会使酥层黏结影响制品效果。

四、酵面酥皮的操作要领

酵面制品由两部分组成,即酵面皮及酥心。

❶ 酵面皮　制作酵面皮的面团是用温水面团（或热水面团）与酵面按照一定比例,掺和揉搓而成的面团。

❷ 酥心　酥心也称炸酥,就是将烧至八成热的花生油倒入面粉中,随倒随搅,炸制成金黄色的糊状酥面。

❸ 操作要领

第一,正确掌握酵面与温水面团的比例。

第二,严格控制水的温度、数量。

第三,酥心一定要炸透,炒匀。

第四,抹酥时要抹匀,注意使用数量。

第五,抹酥后卷或叠成型操作要迅速,酥皮厚度要均匀。

代表品种实例

❦　老　婆　饼　❦

任务描述

老婆饼是一种大众化的酥饼类糕点,因酥脆化渣、香甜可口而备受人们喜爱。要求如下:①掌握老婆饼的成型方法;②通过制作老婆饼及拓展创新品种,进一步培养创新能力;③掌握老婆饼的制作过程与工艺要求。

任务分析

本任务涉及调面、擀酥、包馅、成型等工艺过程,关键在于擀酥。

任务处理

❶ 标准食谱

水油面食谱:面粉 500 克、猪油 50 克、水 250 克。

干油酥食谱：面粉 500 克、猪油 250 克。

馅心食谱：豆沙 1400 克。

装饰原料食谱：鸡蛋 1 个。

❷ 制作过程分解图

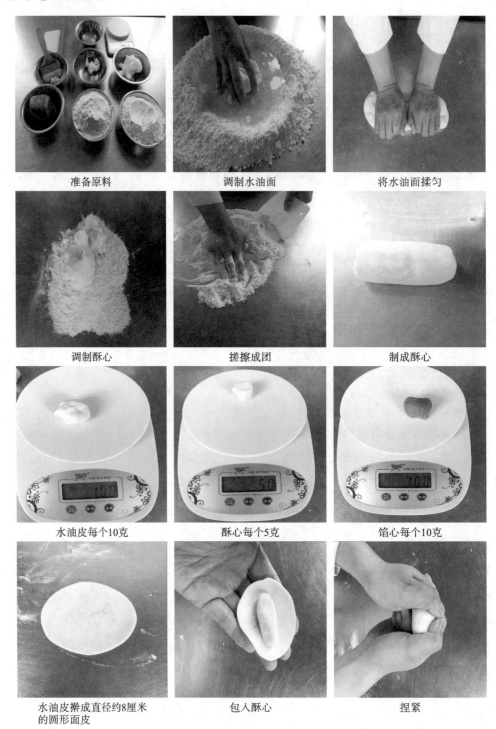

准备原料	调制水油面	将水油面揉匀
调制酥心	搓擦成团	制成酥心
水油皮每个10克	酥心每个5克	馅心每个10克
水油皮擀成直径约8厘米的圆形面皮	包入酥心	捏紧

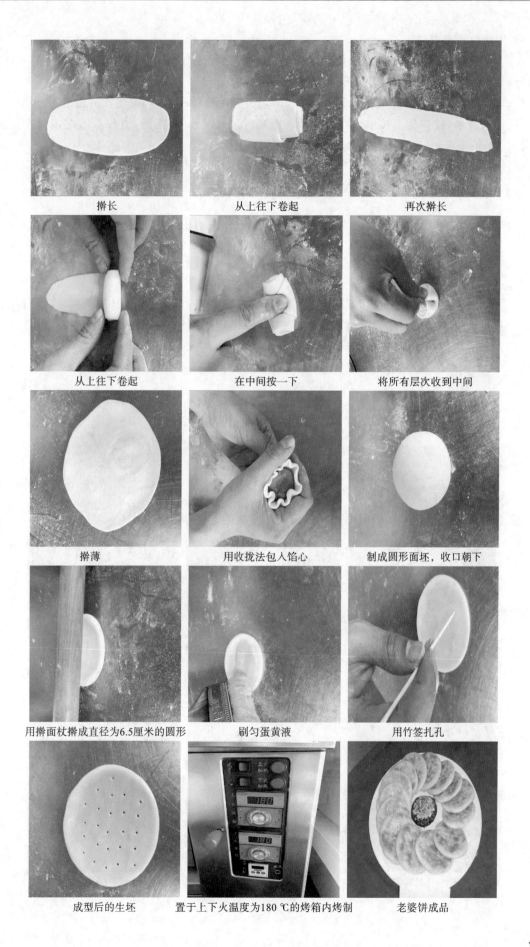

擀长	从上往下卷起	再次擀长
从上往下卷起	在中间按一下	将所有层次收到中间
擀薄	用收拢法包入馅心	制成圆形面坯，收口朝下
用擀面杖擀成直径为6.5厘米的圆形	刷匀蛋黄液	用竹签扎孔
成型后的生坯	置于上下火温度为180℃的烤箱内烤制	老婆饼成品

3 操作过程及要求

（1）用摔打的手法调制水油面，醒制 5 分钟，搓条下剂，每个剂子 10 克；用搓擦折叠的手法调制干油酥，下剂，每个剂子 10 克，豆沙下剂，每个剂子 20 克。

（2）在水油面中包入干油酥进行第一次开酥，长度 7 厘米时卷起，第二次开酥长度 9 厘米时卷起，宽度为 3 厘米，接口朝上按扁，擀开，直径 7 厘米时包入豆沙，再擀开，直径 6.5 厘米时刷蛋液，用竹签扎孔 20 个。

（3）将生坯整齐地摆进烤盘，烤制温度上火 180 ℃、下火 180 ℃。

（4）成品质量要求：颜色金黄、层次分明、形态美观、诱人食欲、入口酥香、滋味甜美。

佛 手 酥

任务描述

佛手酥是汉族特色小吃，色微黄，形如佛手果，皮酥馅香甜，造型美观，形态逼真，口感酥脆绵甜，备受人们喜爱。要求如下：①掌握佛手酥的成型方法；②通过制作佛手酥及拓展创新品种，进一步培养创新能力；③掌握佛手酥的制作过程与工艺要求。

任务分析

本任务涉及调面、擀酥、包馅、成型等工艺过程，关键在于擀酥。

任务处理

1 标准食谱 同老婆饼。

2 制作过程分解图 制成圆形面坯之前操作步骤与老婆饼相同。

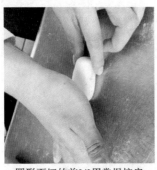
圆形面坯的前2/3用掌根按扁

呈舌状

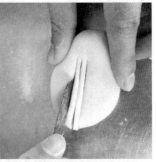
将前2/3切成细条

将中间几根窝到中间

佛手酥生坯

将佛手酥后1/3刷上蛋黄液

置于上下火温度为180℃的 佛手酥成品
烤箱内烤制

❸ 操作过程及要求

（1）面团及面坯的制作与老婆饼相同。将面坯的前 2/3 按扁呈舌形，用快刀将按扁的部分切成手指状。

（2）两边手指伸直放平成大小拇指，将中间手指向手心方向收拢，将生坯中间稍微窝起，在中腰处用手捏紧，即成佛手酥生坯。

（3）烤制成熟，在生坯的手背上涂匀蛋黄液，放入上下火温度为 180 ℃的烤箱中，烘烤 15 分钟左右即可。

（4）成品特点：状如佛手，色泽金黄，手指粗细均匀，立体感强，口味香甜。

燕 尾 酥

▶ 任务描述

燕尾酥是一款将燕尾的形象运用到点心中的例子。燕尾酥因其形得其名，形似燕尾，口感酥松，口味香甜，备受大众喜爱。要求如下：①掌握燕尾酥的成型方法；②通过制作燕尾酥及拓展创新品种，进一步培养创新能力；③掌握燕尾酥的制作过程与工艺要求。

▶ 任务分析

本任务涉及调面、擀酥、包馅、成型等几个工艺过程，关键在于擀酥。

▶ 任务处理

❶ 标准食谱

水油面食谱：面粉 125 克、猪油 25 克、水 62.5 克。

干油酥食谱：面粉 100 克、猪油 50 克。

馅料食谱：豆沙馅。

❷ 制作过程分解图 制成圆形面坯之前步骤与老婆饼的制作相同。

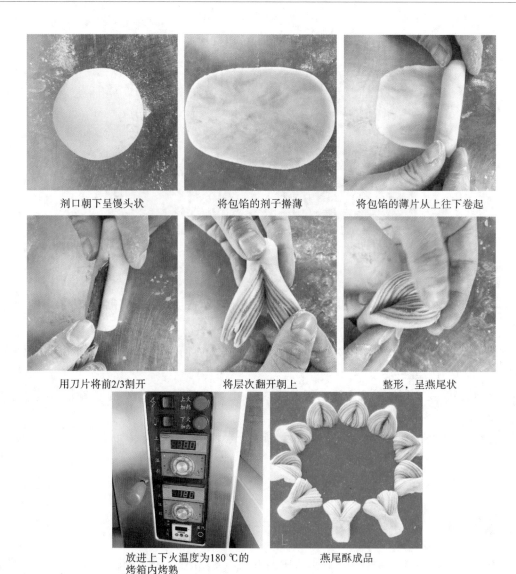

剂口朝下呈馒头状　　　　将包馅的剂子擀薄　　　　将包馅的薄片从上往下卷起

用刀片将前2/3割开　　　　将层次翻开朝上　　　　整形，呈燕尾状

放进上下火温度为180℃的
烤箱内烤熟

燕尾酥成品

❸ 操作过程及要求

（1）面团的调制手法同老婆饼。

（2）将水油皮和干油酥以2∶1的比例进行包制，擀制成厚0.5厘米的长方形面片，自上而下卷起，下剂，每个剂子15克，将每个剂子的两个剂口向里收进去，防止漏酥，擀成片后包入馅心收口，包上10克的豆沙，收口。

（3）将包好馅心的生坯擀成宽约3厘米、长约10厘米的长方形面片后，由上而下卷成卷，剂口朝下，用刀片切开2/3，将酥层翻上来，左手食指和拇指捏住"脖子"，右手用刀向后推成型，刷上蛋液。

（4）烤箱设置上下火温度为180℃。

（5）成品特点：形似燕尾，口感酥松，口味香甜。

🍃 潍坊肉火烧 🍃

➡ **任务描述**

　　潍坊肉火烧是山东潍坊的传统名小吃，潍坊本地人称潍坊肉火烧为老潍县肉火烧，主要以城隍庙肉火烧最为出名。潍坊肉火烧因皮酥柔嫩、香而不腻等特点而备受人们喜爱。要求如下：①掌握潍坊肉火烧的调面和调馅方法；②通过制作潍坊肉火烧及拓展创新品种，进一步培养创新能力；③掌握潍坊肉火烧的制作过程与工艺要求。

任务分析

本任务涉及发面、制作油炸酥、调制馅心、擀制、成型、成熟等工艺过程，关键在于发酵剂（酵母）用量及成型方法。

任务处理

❶ **标准食谱**

面团食谱：面粉 500 克、温水 350 克、酵母 5 克。

馅心食谱：猪肉泥 500 克、水 80～100 克、生抽 30 克、老抽 50 克、葱姜各 10 克、甜面酱 10～20 克、味精 5 克、盐 10 克、葱油 50 克、白菜或大葱 800 克。

辅料食谱：油炸酥适量、鸡蛋 1 个、白芝麻适量。

❷ **制作过程分解图**

准备面团材料	准备馅心原料	调制面团
制作油酥	擀成长方形面坯	抹油炸酥
下剂	制皮	上馅

| 成型 | 装饰 | 成品 |

操作演示
视频

❸ **操作过程及要求**

（1）将发好的面团用走槌擀成厚薄均匀的长方形薄片。

（2）在长方形薄片上抹上薄薄一层油炸酥。

（3）将长方形薄片从上往下卷起成长筒状然后揪剂，每个剂子 50 克，馅心剂子每个 40 克。

（4）将剂子的两头包进去防止漏酥，用擀面杖擀成片后，包入猪肉基础馅收口呈包子状，收口朝下放入烤盘，用手掌根部轻轻揉按，按大，中间有窝。

（5）表面刷上全蛋液撒上白芝麻稍醒一会再烤制。

（6）烤制温度：上火 280 ℃，下火 260 ℃。

（7）成品特点：色泽金黄、口感酥松、口味咸鲜、层次清晰。

🌿 叉 子 火 食 🌿

➡ 任务描述

叉子火食是一种山东烟台地区常见的美食，因色泽金黄、外酥里暄软的口感而备受人们喜爱。要求如下：①掌握叉子火食的调面方法；②通过制作叉子火食及拓展创新品种，进一步培养创新能力；③掌握叉子火食的制作过程与工艺要求。

➡ 任务分析

本任务涉及发面、制作油炸酥、擀制、成型、成熟等工艺过程，关键在于发酵剂（酵母）用量及成型方法。

➡ 任务处理

❶ **标准食谱**　面粉 500 克、温水 350 克、酵面 300 克（面粉 200 克、温水 100 克、酵母 3 克）及油炸酥、熟白芝麻、鸡蛋、盐、花椒面适量。

❷ **制作过程分解图**

| 准备面团原料 | 调制两块面团 | 将两块面团混合，揉匀 |

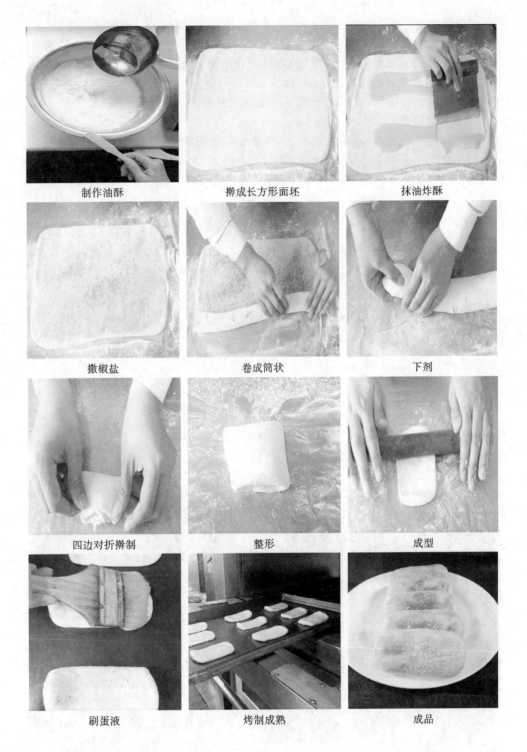

制作油酥	擀成长方形面坯	抹油炸酥
撒椒盐	卷成筒状	下剂
四边对折擀制	整形	成型
刷蛋液	烤制成熟	成品

❸ **操作过程及要求**

（1）在 200 克面粉中加 100 克温水再加 3 克酵母,调成酵面备用。

（2）油炸酥:将适量面粉放盆内备用,食用油放锅内烧至冒烟,浇在面粉上,趁热搅匀备用,稠稀度以搅出花纹 3~5 秒恢复平静状态为准。

（3）等待酵面发大,调制温水面团(50 ℃左右),揉匀后,掺上酵面揉匀,醒发 3~5 分钟,将面团擀成厚度为 1 厘米的长方形面片,抹油炸酥(晾凉),撒花椒盐,自上向下卷起,使用挖剂法下剂(大小视情况而定,通常每个剂子 70~80 克)。

（4）擀制:将其中一个剂口朝上,层次为上下方向,擀至 1/3 处,将擀的部分向下叠起,将另一剂口朝上擀 1/3,将擀的部分向下叠起,旋转 90°收口朝上擀 1/3 叠起,另一侧面操作相同。

(5)整形:将制成的生坯剂口朝下,层次为左右方向,用擀面杖轻轻按一下,然后旋转 90°,层次为上下方向,擀成厚度为 1 厘米、大小一致、长宽比例合适的长方形生坯。将长方形生坯放入烤盘内刷蛋液撒熟白芝麻后,放进烤箱内烤制。

(6)烤制:烤至金黄色即可(可根据烤箱不同灵活调整温度,通常上火 240 ℃、下火 220 ℃,原则为上火温度高,下火温度低)。

(7)成品特点:色泽金黄,口味略咸带椒香,口感外焦里暄软。

🍃 糖 果 酥 🍃

→ 任务描述

糖果酥制作精细,层次分明,片薄如纸,吃口香酥,是有代表性的传统明酥名点之一。要求如下:①熟悉糖果酥操作工艺流程;②掌握糖果酥的起酥方法;③能根据本任务内容创新应用制作其他排酥。

→ 任务分析

本任务涉及调面、擀酥、包馅、成型等工艺过程,关键在于擀酥。

→ 任务分析

❶ 标准食谱

水油皮食谱:面粉 250 克、猪油 15 克、盐 3 克、水 140 克。

酥心食谱:面粉 250 克、起酥油 125 克或 120 克。

馅心食谱:豆沙或莲蓉。

❷ 制作过程分解图 “准备原料”至“制成酥心”的制作步骤与老婆饼相同。

将水油皮包住酥心

四周封住

擀成长方形面片

叠制两层,再重复叠三次

将擀好的面片切成宽7厘米的长条

在长条上均匀地刷上清水

将长条整齐地层层摞起

切成厚度为0.8厘米的片

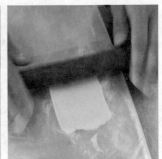

将厚度为0.8厘米的片擀成
厚度为0.2厘米的片

将厚度为0.2厘米的面片切成
5厘米×6厘米的薄片，抹上蛋清

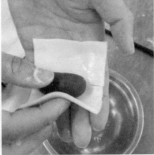

包入8克馅心

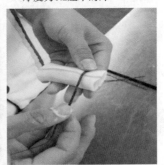

两端用海苔包紧

制成糖果酥生坯

当锅内油温升至110 ℃时炸制

糖果酥成品

❸ **操作过程及要求**

（1）用摔打的手法调制水油面，醒制 5 分钟；用搓擦折叠的手法调制干油酥，豆沙下剂，每个剂子5 克。

（2）用水油面包住酥心，擀制 2 个 3，每一层厚度为 0.8 厘米，一定要擀匀。

（3）将擀好的面片用刀切成宽为 7 厘米的长条，每条上面刷上清水，一层一层摞起来。

（4）将摞好的面片，用刀切成 0.8 厘米的片（约 14 片），再用擀面杖擀成厚度约为 0.2 厘米的面片，并切成宽 5 厘米、长 6 厘米的薄片，层次不太清晰的一面刷上蛋清，包上馅心，在两端各绑上一根海苔，即为生坯。

（5）将生坯放入 110 ℃的油锅里慢火炸制，至定型成熟。

（6）注意事项：油温不能过低，否则容易飞层，油温过高则酥层不易起发。

（7）成品质量要求：形似糖果，色泽洁白，酥层清晰；观之形美动人，食之酥松香甜。

任务二　单酥面团的调制工艺

任务目标

1. 认识并了解单酥面团的概念。
2. 掌握单酥面团的调制方法与注意事项。
3. 掌握单酥面团的制作过程,并能制作出常见的单酥制品。

知识准备

一、单酥面团的概念

　　单酥面团又称为酥松面团,是以面粉、糖、油、蛋等为主要原料调制而成的。由于制作方法及原料的不同,可以分为混酥类面团和浆皮类面团两大类。混酥类面团原料除面粉、糖、油、蛋(或少量的清水)外,为了使成品更为酥松,一般还会加入化学膨松剂混合使用,如泡打粉、臭粉等。浆皮类面团是以面粉、油、糖浆(或麦芽糖)为主要原料调制而成。这种面团具有良好的可塑性,成型时不酥不脆,柔软不裂,成熟时极易着色,成品一般两天后回油,此时口感油润酥松。

二、单酥面团的调制要领

　　(1) 根据制品的配方要求正确投料。
　　(2) 油、糖、蛋等原料要充分混合后再拌粉,可以有效防止面粉产生筋力。
　　(3) 面团温度宜低,可以防止面团走油及化学膨松剂自动分解失效。
　　(4) 面团调制时间不宜过长,避免生筋,放置时间不宜太久,随调随用。

代表品种实例

开　口　笑

任务描述

　　开口笑是喜宴上常见的点心。要求如下:①学会开口笑的操作工艺流程;②了解单酥面团的相关知识,掌握单酥面团的调制方法;③了解单酥面团的成团及酥松原理。

任务分析

　　本任务涉及面团调制、成品成型、炸制成熟等工艺过程,关键在于面团调制及炸制成熟。

任务处理

　　❶ **标准食谱**　面粉 600 克、白糖 270 克、黄油 80 克、鸡蛋 3 个、泡打粉 4 克、白芝麻适量。

❷ 制作过程分解图

准备原料	面粉开窝,将白糖与黄油抓匀	加入鸡蛋、黄油、白糖,充分混匀
将面粉与油、糖、蛋充分混匀	用搓擦法成团	制成开口笑面团
分割面团	搓条	下剂,每个剂子10克
将剂子在双手手心搓圆	将生坯沾少许清水	滚粘上白芝麻
滚圆放入盛器中	将生坯放到油温为130℃的油内进行炸制	炸至深金黄色出锅

开口笑成品

❸ 操作过程及要求

（1）黄油化开，与白糖、鸡蛋抓匀，然后与面粉、泡打粉采用抄拌法调成雪花状。若手感较硬可撒适量的温水调制成软硬适中的面团，再采用搓擦法将面团调制均匀。

（2）将面团搓条下剂，每个剂子 10 克，表面沾少许水将白芝麻裹匀，滚圆放入盛器中。

（3）电炸锅油温升至三四成热，慢火炸至深金黄色即可，晾凉装盘。

（4）成品质量要求：大小均匀且开口均匀、色泽金黄、香甜可口。

 桃　　酥

任务描述

桃酥是一种大众化的酥饼类糕点，因色泽金黄、入口酥松香甜而备受人们喜爱。要求如下：①掌握桃酥的调面方法；②通过制作桃酥拓展创新品种，进一步培养创新能力；③掌握桃酥的制作过程与工艺要求。

任务分析

本任务涉及调面、叠面、成型、烤制成熟等工艺过程，关键在于面团的调制及成熟方法。

任务处理

❶ 标准食谱　面粉 500 克、花生油 250 克、白砂糖 250 克、泡打粉 10 克、臭粉 8 克、小苏打 5 克、鸡蛋 1 个、温水 50 克、白芝麻适量。

❷ 制作过程分解图

准备原料

面粉开窝

加入糖、油、蛋等搅匀

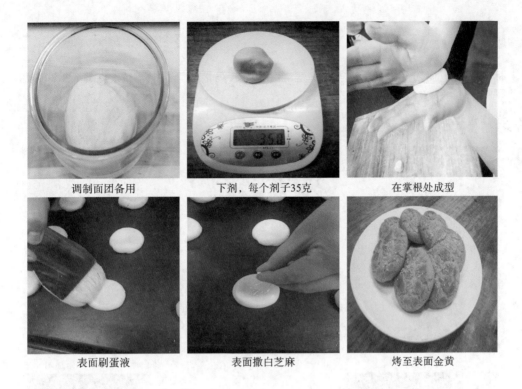

| 调制面团备用 | 下剂，每个剂子35克 | 在掌根处成型 |
| 表面刷蛋液 | 表面撒白芝麻 | 烤至表面金黄 |

❸ 操作过程及要求

（1）面粉与泡打粉搅拌均匀后开窝。

（2）将花生油、白砂糖、臭粉、小苏打、鸡蛋、温水放入开好的窝中搅拌均匀。

（3）采用叠制的手法将面粉与辅料叠制均匀。

（4）取适量叠制好的面团轻搓成长条，下剂，每个剂子35克。

（5）用掌根部将剂子压成四周厚、中间略薄的圆形坯子，放入烤盘中，坯子表面可撒少许白芝麻进行装饰。

（6）烤制：烤制温度为180 ℃，烤至表面金黄即可。

（7）成品质量要求：颜色金黄、口感酥松、口味香甜。

操作演示
视频

🌿 甘 露 酥 🌿

➡ 任务描述

甘露酥是一种大众化的酥饼类糕点，因色泽金黄、入口酥松香甜而备受人们喜爱。要求如下：①掌握甘露酥的调面方法；②通过制作甘露酥拓展创新品种，进一步培养创新能力；③掌握甘露酥的制作过程与工艺要求。

➡ 任务分析

本任务涉及调面、叠面、成型、烤制成熟等工艺过程，关键在于面团的调制及成熟方法。

任务处理

① **标准食谱**　面粉 500 克、泡打粉 3 克、食粉 4 克、鸡蛋 3 个、白糖 170 克、猪油 200 克、白芝麻适量。

② **制作过程分解图**

原料准备	面团开窝	将白糖、猪油、鸡蛋搓匀
用搓擦法成团	制成甘露酥面团	分割面团
将面团搓成粗细均匀的条	下剂，每个剂子10克	将剂子团成圆团后放到烤盘上，用食指在圆团的中间按一个窝

刷上全蛋液

撒上少许白芝麻

放到上下温度为180 ℃的
烤箱里烤制成熟

甘露酥成品

❸ 操作过程及要求

（1）将泡打粉、食粉与面粉搅匀后开窝，将白糖、2 个半鸡蛋、猪油搅匀后用搓擦的手法调制面团。

（2）搓条下剂，每个剂子 10 克，在掌心团成圆团放进烤盘，用食指在圆团的中间轻按一小窝，刷上全蛋液（剩余的半个鸡蛋），撒白芝麻（10 粒左右即可）。

（3）烤箱温度：上火 180 ℃，下火 180 ℃。

（4）成品特点：色泽深金黄色，口感酥松，口味香甜。

▶ 项目检测

1. 简答题　调制油酥面团的操作要领是什么？

2. 互动讨论题　结合实训课堂内容，同学们互相交流油酥类面点制作的要领和注意事项。

操作演示
视频：

面团调制

成型

成熟

理论、技能
知识点
评价表

Note

其他面团的调制技艺

项目描述

　　米及米粉类制品是指以稻米、稻米碾磨成的粉为主要原料,以糖油蜜饯、肉类、果品等为辅助原料和馅料,经加工制作而成的食品。米及米粉类制品种类繁多,主要有粥、饭、糕、团、粽等品种。其中米类制品包括粥、饭、粽、米团、米糕;米粉类制品根据调制方式的不同,可大致分为米糕类制品、米团类制品等。

　　通过本项目学习,掌握米及米粉类制品的制作手法与技巧,以及米与米粉类制品所需要的理论知识,培养厨房生产的核心能力。

任务目标

1. 了解米粉面团的概念、分类与特性。
2. 掌握米及米粉面团的调制方法及调制技巧。
3. 掌握米粉面团代表品种制作工艺。

知识准备

一、米粉面团的概念、分类

（一）概念

　　米粉面团是将米磨成粉后与水和其他辅助原料调制而成的面团,具有黏性强、韧性差等特点,是以制作糕、团、饼等点心为主的面团,在我国南方地区应用非常普遍。米粉面团使用的米以糯米或有较强黏性的米类为主,同时也可以掺适量的紫米、黏小米等。米粉面团具有米本身特有的色泽,成品口感软糯、香甜,面坯有黏性、可塑性和一定的韧性。

（二）分类

　　米粉面团制品很多,但最常用的有米糕类制品和米团类制品。

❶ **米糕类**　米糕是米粉的主要制品之一,常见的有三种。

（1）松质糕:简称松糕。它是先成型后成熟的品种。制作时将糯米粉、粳米粉掺和后加入糖、水或熬好的糖水,拌成松散的粉粒状,然后将拌好的原料筛入各种糕模中,蒸制而成。松质糕的特点是松软多孔,大多为甜馅制品。

（2）黏质糕:是先成熟后成型的品种。先将原料拌成粉粒上笼蒸熟,再用搅拌机搅到表面光滑不黏手为度,或者将少量的米粉,用手衬上干净湿布反复揉搓至表现光洁不黏手后,包上各种馅制成糕团。黏质糕特点是黏实、韧滑、软糯。

（3）酵粉糕：用籼米浸泡磨成粉或直接用籼米经发酵制成的糕点。先制出水磨粉，再压成干浆，然后与面肥或发酵的糖粉、糖一起和米粉浆拌和均匀，置于较温暖处发酵。熟制前加入碱水、发酵粉，搅拌均匀。

❷ **米团类**　这种面团又分为生粉团子和熟粉团子两种。

（1）生粉团子：将少部分的米粉先用沸水冲烫熟或先用少部分粉煮成芡，再掺入大部分粉料，调拌成团或揉搓成块团。

（2）熟粉团子：将糯米粉、粳米粉适量掺和，加入冷水拌和成粉粒，蒸熟，倒入机器打透打匀形成块团。

二、米饭面团的制作过程与注意事项

（一）制作过程

（1）将 500 克糯米洗净，与 450 克水混合，一起倒入盆中，上蒸锅蒸熟。

（2）稍凉后，倒在一块洁净的屉布上，趁热隔布用手蘸凉水用力在案台上搓擦，直至饭粒互相粘连成为一个整体。

（二）注意事项

（1）根据米的品种，采用适当的用水量。一般籼米用水量多，粳米、糯米用水量少。

（2）趁热搓擦，否则饭粒不易粘连。

（3）搓擦时，手应适当蘸些凉水，否则饭粒太黏不易操作且容易烫伤。

三、米粉面团的特性

❶ **基本不能单独用来作为发酵制品**　我们知道，发酵必须具备两个基本条件：一是产生二氧化碳的能力；二是保持二氧化碳气体的能力。面粉所含的直链淀粉较多，容易被淀粉酶作用水解成可供酵母利用的糖分，经酵母的繁殖和发酵作用产生大量的二氧化碳气体，面粉中的蛋白质能形成面筋，包裹住发酵过程中不断产生的气体，使面团体积膨大、组织松软。而米粉一般所含的直链淀粉较少，淀粉可供淀粉酶分解为单糖的能力很低，故需酵母发酵所需糖不足，产气能力差。

❷ **调制米粉时必须使用热水**　这主要是由米粉中占多数的支链淀粉的特性决定。米及米粉所含的蛋白质是谷胶蛋白和谷蛋白，不能产生面筋。虽然米及米粉所含的淀粉胶性大，但是冷水调制时，淀粉在低水温中不溶或很少溶于水，淀粉的胶性不能很好地发挥作用，所以冷水调制根本无法成团，即使成团也很散碎，不易制皮、包捏成型。因此，调制米粉面团往往采用"煮芡"和"烫粉"的方法来辅助操作，通过淀粉糊化产生黏性，使面团成团。

❸ **黏性强，韧性差**　米粉面团在调制过程中通过高水温蒸、煮等方法使淀粉在热水中能大量吸水膨胀、糊化从而形成黏性强但韧性差的面团。

❹ **调制时必须掺粉**　不同品种、不同等级的米磨成米粉，其软、硬、黏度各不同。为了使制品软硬适度，增加风味特色，不同制品的面团在调制时常采用不同的掺粉方法。掺粉的好坏直接影响成品质量，所以掺粉是调制米粉面团的一道重要工序。

任务二　杂粮类面团

 **任务目标**

1. 了解杂粮类面团的主要原料与特点。

2. 掌握杂粮类面团的调制方法及调制技巧。

3. 掌握杂粮类代表品种制作工艺。

 知识准备

一、豆类面团的原料和特点

（一）原料

制作豆类面团的主要原料有绿豆、赤豆、黄豆、扁豆、豌豆、芸豆、蚕豆等。

（二）特点

豆类面团既无弹性、韧性，也无延伸性。虽有一定的可塑性，但流散性极大。许多豆类面坯的点心品种，都需要借助琼脂定型。

二、豆类面团制作过程与注意事项

（一）制作过程

（1）把各种豆类原料洗净，放入锅中加水用旺火煮至酥烂。

（2）把煮熟的原料挤压成泥，加适量清水稀释，用细箩过滤去渣。

（3）将稀的泥蓉放入炒锅中用小火炒干水分。

（二）注意事项

（1）煮豆时水应一次加足，如果中途需要加水，也一定要加热水，否则豆不易煮烂。

（2）去皮过箩时，可适当加少量水。如果水加得多，则面坯太软且黏手，影响成型工艺。

三、薯类面团的主要原料、特点、制作过程和注意事项

（一）薯类面团的主要原料

（1）马铃薯：亦称土豆、洋山芋，性质软糯、细腻。去皮煮熟捣成泥后，可单独制成煎炸类点心，也可与米粉、熟澄粉掺和，制成薯蓉饼、薯蓉卷、薯蓉蛋等。

（2）山药：亦称土薯，爽脆透明，软滑而带有黏性。煮熟去皮捣成泥后，与淀粉、面粉、米粉掺和，制成各种点心，如山药糕等。

（3）芋头：亦称芋艿，性质软糯。蒸熟去皮捣成芋泥后，与面粉、米粉掺和，可制成各式点心，以广西、广东的点心品种为佳。

（二）特点

薯类面团无弹性、韧性、延伸性，虽可塑性强，但流散性大。由薯类面团制作的点心，成品松软香嫩，具有薯类特殊的味道。

（三）制作过程

将薯类去皮、蒸熟、压烂、去筋，趁热加入添加料（米粉、面粉、糖油等），揉搓均匀即成。制作点心时，一般以手按皮或捏皮，包入馅心，成熟时或蒸或炸，炸制时，以包裹蛋液为好。

（四）注意事项

（1）蒸薯类原料时间不宜过长，蒸熟即可，以防止吸水过多，使薯蓉太稀，难以操作。

（2）糖和米粉需趁热掺入薯蓉中，随后加入油脂，擦匀折叠即可。

四、杂粮面团相关知识

（一）玉米面

用玉米制作面点时，须将玉米粒磨成粉，粉质有粗有细，但不论粉质粗细，其性质都是韧性差、松而发硬、不易吸水变软。

用玉米面制作面点时，一般将玉米面放入盆中，根据品种的需要，加入适量的热水、温水或凉水，静置一段时间后，再经成型、熟制工艺即成。用热水或温水和面后静置，有利于增加黏性和便于成熟。

（二）莜麦面

将莜麦面放入盆内，将沸水冲入面盆，边冲边搅均匀成团，再放在大理石案台上，搓擦成光滑滋润的面团。此面团有一定的可塑性，但无弹性和延伸性。莜麦面可制作成莜面卷、莜面猫耳朵、莜面鱼等。

莜麦加工须经过"三熟"：磨粉前要炒熟、和面时要烫熟、制坯后要蒸熟，否则不易消化，易引起腹痛或腹泻。吃时讲究冬蘸羊肉卤，夏调盐菜汤。莜麦面还可用作为糕点的辅助原料。

莜麦面制品的熟制可蒸、可煮，一般用时 5～10 分钟。成品一般具有爽滑筋道的特点。

（三）高粱面

高粱面可分为白、黄、红三种，其中以白高粱面的质量为最好。高粱面的用途因品种不同而有所区别，可制作各式点心。

（四）小米面

小米面是由谷子碾制去皮磨制的，色黄，可掺和面粉制作各式发酵面团制品，还可蒸制成各式饼、糕、团等制品。

 代表品种实例

麻　球

任务描述

麻球也称麻团，是以糯米粉团加上芝麻炸制而制成，包入豆沙等馅料，有些没有馅心。麻球外形滚圆饱满，色泽金黄，皮薄香脆，内甜糯，表面沾上芝麻，十分好吃。

每人 300 克面团，独立制作 10 个麻球。要求如下：①正确掌握油温；②学会制作麻球的工艺。

任务分析

本任务涉及准备原料、烫澄面、调制糯米粉面团、搓条、下剂、上馅等工艺过程，关键在于原料与水的比例及油温火候的掌握。

任务处理

❶ **标准食谱**　糯米粉 908 克、澄面 375 克、白糖 750 克、花生油 300 克、芝麻 500 克、豆沙馅 500克、水适量。

❷ 操作过程分解图

准备原料　　　　　烫制面团　　　　　擦制面团

揉好面团　　　　　包豆沙馅　　　　　表面沾芝麻

炸制麻球　　　　　成品

❸ **操作过程及要求**

（1）糯米粉倒在案板上或面盆内，澄面用沸水烫熟，把白糖放入其中化开，再将花生油或猪油倒入，搅匀后倒入糯米粉中，加适量的水，搓擦均匀，软硬适中即可。

（2）把和好的米粉面团放入冰箱内冷冻3～6小时以后可拿出使用。

（3）把冻好的粉团搓条下剂，每个剂子30克，包入豆沙馅，滚沾上白芝麻，团紧、团圆。

（4）将麻球放入80～120℃电炸锅内，等麻球自然浮起后，升温至180～200℃炸至金黄色即可。

❹ **成品特点**　　形圆个大，内空饱满，色泽金黄，香脆甜糯。

❺ **制作关键**

（1）麻球粉团中糯米粉、澄面比例恰当。糯米粉过多，吃口硬，膨胀度差；糯米粉过少，不易定型且变形下塌。

（2）为防止芝麻脱落，生坯表面应洒水搓至毛糙后再滚沾芝麻。

（3）炸麻球应先小火，待制品吸足油后自然浮起再升温。

<h2 style="text-align:center">年　糕</h2>

任务描述

年糕,是中华民族的传统食物,属于农历新年的应时食品。有诗称:年糕寓意稍云深,白色如银黄色金。年岁盼高时时利,虔诚默祝望财临。年糕是用黏性大的糯米或米粉蒸成的糕,年糕的黄色、白色,象征金、银。年糕又称年年糕,与"年年高"谐音,寓意着小孩身高一年比一年高。要求如下:①学会制作年糕,正确掌握烫面的温度;②掌握年糕制作的操作要领。

任务分析

本任务涉及准备原料、烫糯米粉、调制糯米粉面团、搓条、下剂、上馅等几个过程,关键在于原料与水的比例及蒸制时间的掌握。

任务处理

❶ 标准食谱

面团食谱:糯米粉 500 克、开水 225 克。

辅料食谱:白糖 50 克,红枣适量。

❷ 操作过程分解图

洗好的红枣备用

糯米粉备用

倒入热水拌匀

加入红枣拌匀备用

蒸锅蒸40分钟

❸ 操作过程

(1)首先挑选红枣,除去坏掉的、裂开的。

(2)用水冲洗掉红枣表面的泥沙并放入盆中,开水烫一分钟,捞出控干水分。

(3)将糯米粉放入盆中,用水浇面法烫面,晾凉。

（4）将处理好的红枣倒入烫面中，和匀。

（5）取面团（每个80克），用右手固定面团，放在左手掌心处揉，右手拇指使其成型。

（6）蒸锅放水，铺蒸布，将水烧开放入年糕。

（7）用大火烧开水，再蒸40分钟即可。

（8）年糕蒸熟后关火开盖晾温，取出装盘。

<h1 style="text-align:center">土 豆 饼</h1>

任务描述

土豆饼是近年来市场上比较风靡的创新绿色食品，是将熟土豆擦成细泥加入糯米粉、白糖等拌成粉团，下剂，包入咸甜皆宜的馅心，按成圆饼状入锅中煎制而成的。要求如下：①学会制作土豆饼，进一步掌握油煎的火候；②了解米粉面团调制时不同的掺粉方法；③掌握土豆饼的包馅技术。

任务分析

本任务涉及蒸制土豆、掺粉、成团、下剂、成型、成熟等工艺过程，关键在于火候的控制及成型手法。

任务处理

❶ **标准食谱**　土豆泥500克、糯米粉100克、色拉油35克、熟芝麻50克、白糖50克、红豆沙（或者绿豆沙）270克。

❷ **制作过程分解图**

| 准备原料 | 搓擦面团 | 制成无颗粒、均匀的面团 |

| 搓条，下剂 | 捏成中间厚、边缘薄的皮 | 包入绿豆沙或红豆沙 |

| 用拢馅法收口 | 收口成型 | 滚沾芝麻 |

按扁（直径7厘米）　　　　　　烙至两面金黄即可

❸ **操作过程及要求**

（1）将土豆洗净，蒸 30 分钟，蒸熟，去皮，趁热倒进白糖和糯米粉，搅拌均匀成团（成团要趁热），下剂，每个剂子 30 克，豆沙馅 15 克。

（2）在手心蘸少许油，将面团团成圆球，在掌心按扁，中间厚、边缘薄，用拢馅法将豆沙馅包住，在掌心按成直径为 7 厘米的扁圆饼，双面沾满芝麻。

（3）将电饼铛升温至上下火各 180 ℃（也可只用下火），撒上少许油，两面烙至金黄即可。

❹ **成品特点**　色泽金黄、口感软糯、口味香甜。

❺ **制作关键**

（1）土豆一定要蒸熟蒸透。

（2）宜选用肉粉、味浓、色泽发白的土豆。

（3）注意火候的控制。

西葫芦鸡蛋饼

▶ **任务描述**

西葫芦鸡蛋饼是以面粉、西葫芦、鸡蛋为主要材料制成的饼，营养价值极高，老少皆宜，尤其适合早餐食用。

每人 200 克西葫芦，做 15 个成品，独立完成。要求如下：①学会制作西葫芦鸡蛋饼；②正确调制面糊的比例；③熟悉并灵活掌握成型技巧。

▶ **任务分析**

本任务涉及初加工西葫芦，切丝、拌料、调糊、成型等工艺过程，关键在于烙制的温度及成型技巧。

→ **任务处理**

❶ **标准食谱** 鸡蛋 250 克、西葫芦 250 克、面粉 150 克、水 200 克、葱丝 20 克、盐 5 克、味精 5 克等。

❷ **制作过程分解图**

西葫芦擦丝　　　　　　加入面粉　　　　　　加入调味料

加入鸡蛋　　　　　　　加入水　　　　　　　拌匀成糊

在模具中放适量油　　　放八分满　　　　　　待表面凝固后取模

烙至两面金黄　　　　　成熟取出装盘

❸ **操作过程及要求**

（1）将西葫芦（不能太老）洗净去瓤，擦成 5 厘米×0.3 厘米的细丝。

（2）葱切成 0.5 厘米的葱花。

（3）将西葫芦丝倒入盆中，加入鸡蛋和水搅匀。

（4）将面粉（不能有疙瘩）慢慢加入，不断搅拌搅匀，然后加入盐、味精调成面糊待用。

（5）电饼铛调制 180 ℃，升温后撒上少许葱油。

（6）将面糊用小勺倒入模具中，烙成直径 8 厘米、厚度 0.3～0.5 厘米的圆饼，烙至两面金黄。

④ 成品特点　色泽金黄、咸鲜软嫩、老少皆宜。

⑤ 制作关键

（1）西葫芦擦丝，不宜太长，太长不好操作，影响质量。

（2）注意双手的相互配合、协调，饼的厚度要一致。

（3）烙制时火候、颜色要一致。

窝　头

任务描述

　　窝头一般是玉米面做的，呈黄色、圆锥状，锥底部有一个向里面凹进去的口，故得名窝头。窝头口味众多，除玉米窝头外，还有黑米窝头、高粱窝头、红薯窝头、绿豆窝头、糯米窝头等。如今的窝头基本上都是采用五谷杂粮为基本材料，粗粮细作，一改传统窝头生硬、干涩的口味，已然成为一种绿色、美味、营养、健康的美食了。

　　每人 300 克面团，独立完成 10 个。要求如下：①学会制作窝头；②了解原料的相关知识。

任务分析

　　本任务涉及调面、下剂、成型、成熟等工艺过程，关键在于成型手法与成熟。

任务处理

① 标准食谱　玉米面 100 克、黄豆面 20 克、清水 50 克、白砂糖 15 克、小米面 20 克、面粉 10 克、豆（奶粉）10～20 克、鸡蛋 1 个、酵母 2 克、泡打粉适量。

② 制作过程分解图

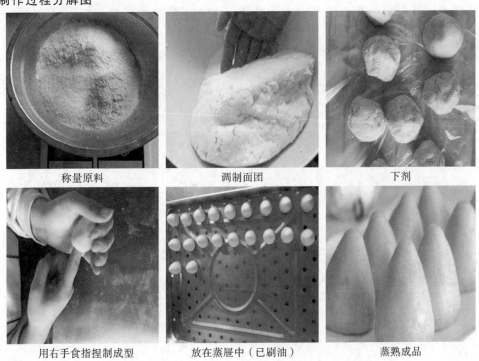

| 称量原料 | 调制面团 | 下剂 |
| 用右手食指捏制成型 | 放在蒸屉中（已刷油） | 蒸熟成品 |

❸ **操作过程及要求**

（1）将玉米面、黄豆面、面粉过筛后倒入盆中。

（2）在盆中加入白砂糖和泡打粉，将材料混合均匀。

（3）将温水缓缓加入盆中，与粉类混合。

（4）揉成细致有弹性的面团，盖上保鲜膜，松弛 30 分钟。

（5）将面团搓成长条分割成剂子，每个剂子约 30 克。

（6）将小面团搓圆，用食指插入面团中间，不断转动，使其成为中空的锥形。

（7）在带眼蒸屉上刷油，将窝头均匀地码放，大火蒸制 15 分钟即可。

❹ **成品特点**　黄豆面、玉米面味浓郁，色泽金黄，营养丰富。

❺ **操作关键**

（1）玉米面最好用细面，面团中不能有颗粒。

（2）成型时手心里可抹些油，底部厚薄一致。

（3）和面时宜用温水，最好不要用冷水。

黑 豆 面 条

→ 任务描述

　　黑豆面条是用黑豆面粉加水和成面团，压或擀制成片后再切或压，或者使用搓、拉、捏等手法，制成条状（或窄或宽，或扁或圆）或小片状，最后经煮（炒、烩、炸）而成的一种食品。

　　每人 200 克面粉，自己独立操作完成。要求如下：①掌握面条的制作过程；②会调制豆面面团；③掌握方法使面条厚薄一致。

→ 任务分析

　　本任务涉及调面、揉面、压面、出条等工艺过程，关键在于使面条厚薄一致。

→ 任务处理

❶ **标准食谱**　面粉 500 克、黑豆面 50 克、盐 5 克、碱水 5 克、水 170 克、鸡蛋和淀粉适量。

❷ **制作过程分解图**

 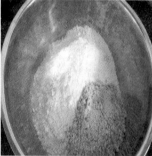 

准备黑豆面　　　　　　　将黑豆面与面粉掺匀　　　　　　　拌成雪花状

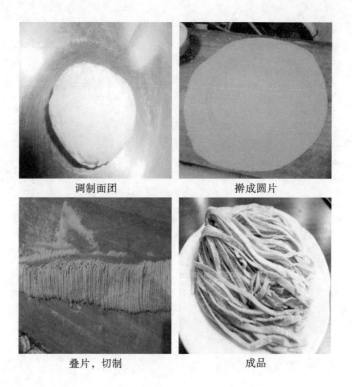

调制面团　　　　　　　擦成圆片

叠片，切制　　　　　　　成品

③ **操作过程及要求**

（1）将面粉、黑豆面掺匀，开窝加入蛋清、盐、碱水调制面团。

（2）将调好的面团醒发 15 分钟。

（3）将其用擀面杖擀成圆片，厚度约 0.3 厘米。

（4）从下往上叠制成梯形，每层之间撒上淀粉。

（5）用快刀将其切成宽 0.2 厘米的长条，撒上淀粉备用。

④ **成品特点**　豆面味浓郁，爽口有筋道。

⑤ **操作关键**

（1）面团也可用压面机压成片，用出条机出条。

（2）擀成的圆片厚薄一致。

（3）用力均匀，切成的条宽窄一致。

▷ **项目检测**

互动讨论题　结合实训课堂内容，同学们互相交流米粉以及杂粮类面点制作的要领和注意事项。

理论、技能
知识点
评价表

模块五

中式面点制馅工艺

本模块课件

→ 模块描述

本模块主要对馅心和卤汁(或卤子)的种类、特点、作用以及制作要求等基础知识作简要的概括，并对常见的馅心与卤汁(或卤子)品种进行系统介绍，包括制作过程、技术要领等，突出以基本技能练习与品种训练为主的教学内容。

馅心是指将各种制馅原料，经过精细加工、调和、拌制或熟制后，包入、夹入坯皮内，形成面点制品风味的原料，俗称馅子。馅心的制作是面点制作中具有较高要求的一项工艺操作。包馅面点的口味、形态、特色、花色品种等都与馅心密切相关。

卤汁是指食用面条、馄饨等面食所配的浓厚的羹汁，也称为卤子、浇头、汤头等。打好的卤汁风味不一，用料随做法不同各有差异，有荤有素。煮白水面条时，将打好的卤汁放到煮好的白水面条中充分搅拌，这是北方人最喜欢的面食做法，这道面食口感香浓，亦饭亦菜。

对于馅心和卤汁的主要作用可归纳为以下几点。

一、美化面点的形态

有些面点制品，加上馅心和卤汁的装饰，形态更优美。如制作花色蒸饺时，在生坯做成以后，再在空洞内配以红色的火腿末、绿色的油菜末、黑色的冬菇末、黄色的蛋黄末，能使蒸饺形态、色泽更加美观；又如澄面虾仁金鱼饺雪白透明的澄面皮内，透着粉红色的虾馅，使金鱼的形态活灵活现，更诱人食欲；再如银丝般的面条配上晶莹的卤汁也十分美观。

二、形成面点制品的特色

各种包馅面点的特色虽与所用坯料、成型加工和熟制方法等有关，但所用馅心往往也起决定性作用。如汤包的特色是吃时先吸一口汤；水饺的特色是皮薄、馅足、卤汁多。这些特色的形成，多数取决于馅心，各地特殊风味面点，也多因馅心的配料和制法不同而形成的。例如：肉馅掺鲜美皮冻，卤多味美，形成了苏式面点的特色；肉馅多用水打馅，非常松嫩，形成了京式面点的独特风味；皮薄、馅大、甜口重，形成了广式月饼的特色等。同时不同的卤汁也形成了不同面条的口味特色。

三、增加面点花色品种

由于馅心用料广泛，所以制成的面点也多种多样，从而增加了面点的花色品种，如水饺可分为三鲜水饺、素水饺、鱼肉水饺、猪肉水饺、水晶水饺等，而面条则可分为炸酱面、打卤面、海鲜面、干拌面等。

四、调节面点制品色泽

面点制品的色泽，除了皮料及成熟方式在起作用外，馅心和卤汁在有些制品中也能透过皮面而显现出来，改善了制品的色泽。例如翡翠烧卖的绿色，是绿色馅心透出薄薄的烧卖皮而让人看到的；广式点心娥姐粉果的粉红色，是鲜虾仁的粉红色在起作用。馅心不仅作为面点内的馅，同时可以调节成品的外部色泽，如各种花色蒸饺，在生坯做成后，再在空洞内配以各种颜色的馅心，如青菜、蛋黄、熟蛋白、香菇末、火腿等，以使制品色泽鲜艳。因此，馅心不仅可以改变制品的口味，同时还能调节制品的色泽，以达到增强食欲之目的。

→ 模块目标

1. 了解馅心和卤汁作用和种类。
2. 熟悉馅心和卤汁的特点和制作要求。
3. 熟练掌握各种馅心和卤汁制作技术，达到对常见馅心和卤汁规定的技术标准与要求。

馅心调制工艺

　　馅心是包入面点皮料内或覆盖于面点表面,体现面点风味的半成品,面点馅心种类繁多、口味多样,是面点制品的重要组成部分。通过面点馅心的变化,可以大大丰富面点品种,并能反映出各地面点的特殊风味。

　　馅心制作是面点制作工艺中的重要工序之一,对制品的质、色、香、味、形有很大影响。制馅技术比较复杂,需要具备多方面的能力,而且还需经过多次反复实践操作,才能制出较为理想的馅心。

一、馅心的种类

馅心的分类方法有很多,常见的有以下几种。

(一)根据口味分类

馅心可分为咸馅和甜馅两大类。咸馅以盐为主调制,甜馅以糖、果酱等为主调制。另外还有咸甜馅,若以甜味为主,可少加盐;若以咸味为主,则少加糖。

(二)根据用料分类

馅心可分为荤馅、素馅两类。也有互相掺和使用的,有的以荤为主,稍加一些素料;有的以素为主,配一点荤料。家庭面点制作中以荤素搭配的馅料较多。

(三)根据制作方法分类

馅心可分为生馅、熟馅两大料。生馅是选用生的原料,通过切配,加入调味品调制而成。熟馅是将原料烹制成熟而调制成的。熟制的方法常用的有炒、烩、煨等。另外也有生熟混合馅,各占一半,掺和而成。其中生料一般为蔬菜类,而熟料多为动物肉类。

　　随着人们口味的变化,馅心调味也出现了一些大胆的改革,各种调味料综合使用,制出的馅心多种多样,如西安的"饺子宴"、武汉的"汤包宴"等,其中的变化主要是馅心的口味及原料上的变化。口味上,如酸甜味馅、麻辣味馅等;原料上,充分利用了其广泛性,山珍海味、肉禽蛋奶、杂粮素食,无不为馅心种类的变化提供了广阔的思路。

二、馅心的特点

(一)品种繁多,各具特色

日常所使用的种类繁多,各具特色。从用料上看有肉馅、菜馅、菜肉馅、三鲜馅等;从口味上看有咸馅、甜馅、咸甜馅等;甜馅中又有白糖馅、水晶馅、枣泥馅等。

(二)用料讲究,制作精细

馅心对面点的口味起决定作用,与制品的质量有密切关系。所以馅心的选料必须精细,无论是咸馅、甜馅、咸甜馅等,所选用的原料都有一定要求。如咸猪肉馅需选用夹心肉,以增加馅心的黏性和吸水量，使制作出的馅心鲜嫩多汁、口感极佳。

（三）调味较淡，求鲜适口

馅心制作时，要求鲜美适口。由于馅心被包入坯料后，还需经过加热处理，这当中会有部分水分被蒸发，会使馅心的卤汁减少，口味变得浓厚。所以在调制馅心时，应适当比烹调菜肴时淡一些，以免制品成熟后，馅心口味过重，影响质量。

（四）原料一般加工成细碎小料

调制馅心时，一般都需将原料加工成细碎小料，有些肉馅应加工得越细越好。因面点的坯料一般较软，如馅心料的块粒过大，既不易包入皮坯中，又不易加热成熟，还有使制品易散碎、漏馅的可能，所以馅心料的块粒不宜过大，以细碎均匀为好。

（五）熟馅多需勾芡

在调制熟馅时，部分原料在加热过程中必然会溢出一部分水，给制品包捏成型造成困难，成熟中也容易出现漏馅的现象。可通过淀粉勾芡，使馅心的黏性增加，让馅心便于成型且容易包入皮坯中。

三、制馅的基本原则

馅心的制作有拌制和烹调两类制作方法，不论采用哪种方法，调制馅心都要掌握以下几个方面的原则：

（一）严格选料，正确加工

面点馅心的原料品种较多，选用时必须根据制品的要求严格把握。如小笼汤包的馅心，应选用猪夹心肉，皮冻的制作应选择猪的背皮等。同时，加工也必须恰到好处，切制的料粒该大则大，该小则小；泥茸该粗则粗，该细则细。其他加工，如蒸、煮、焖、炒等也应精细。如制豆沙馅时，红豆要冷水下锅，旺火烧沸，小火焖烂，只有这样，红豆才不会煮僵，出沙率高且没有豆腥味，质地也细腻。

（二）根据面点的要求，确定口味的轻重

面点口味调制，必须根据面点加工、熟制的不同适当掌握。一般来说，蒸、烤、烙、炸等方法制作的面点，馅心的口味应调得略淡一点，因面点熟制时会使水分蒸发一部分，而水煮品种馅心的口味则应稍重一点。制品皮厚的面点馅心的口味可略重一点，而皮薄的品种馅心的口味就应稍淡一点。

（三）正确掌握馅心的水分和黏性

制作馅心时，如水分过多，黏性就偏小；水分过少，黏性就偏大或馅心干硬。因此，对馅心的水分和黏性要把握好。调制时，生菜馅要挤去部分水分，再加入油、鸡蛋等增加黏性；生肉馅则需加水或掺冻，以增加嫩度；熟馅则往往需要勾芡，以吸收溢出的水分，增加其黏性；甜馅通常加糖稀和熟面粉等。

（四）根据原料性质，合理投放

制馅的原料很多，且它们的性质各不相同，只有正确、合理地使用这些原料，才能使馅心味美可口。如制馅过程中使用韭黄或韭菜时，一般是在最后加入，并随放随用；调制猪肉馅时，如天气比较炎热则一般不用料酒或少用；调制菜肉馅时，青菜应先焯水，并挤干水分，保持绿色，注意不能焯得太熟，以免拌入肉丁后吐水等。

四、馅心制作要求

馅心的品种繁多，花色不一，且各有不同的制法和特点。虽然馅心千差万别，但是馅心制作要求却有许多相同之处，归纳起来，大致有以下几点。

（一）馅心的水分和黏性要合适

制作馅心时，馅心的水分和黏性是两大关键：水分多时黏性差，影响面点制品品质，也不利于包捏;水分少时黏性大,虽然利于包捏,但是口感不鲜嫩,也影响制品品质,因此制作馅心时,必须注意馅心的水分和黏性要合适。

咸味馅中的菜馅类,如生菜馅,多选用新鲜蔬菜来制作,因此其水分含量是很高的,一般都在90%以上(表5-1)。

表 5-1　蔬菜含水量

名称	大白菜	油菜	菠菜	洋白菜	胡萝卜	黄瓜
水分含量/(%)	94	92	93	93	89	96

生菜馅馅料水分多、黏性差,要想使水分、黏性合适,就必须减少水分,增加黏性,这是调制生菜馅的两大关键。减少水分采取的办法是将蔬菜切碎后进行挤水、压水,有的加干料吸水等;增加黏性则采取添加油脂、酱类及鸡蛋等方法。

熟菜馅馅料多用干制菜,水分少,黏性更差。增加水分及黏性的措施是热水泡制干菜以增加水分,勾芡增加黏性,使馅心卤汁浓厚有黏性。

生肉馅馅料则与生菜馅馅料情况相反,由于肉类油脂重,水分少,黏性过足,所以制作生肉馅心,需要增加水分,减少黏性。其办法是"打水馅"或"掺冻",并掺入调味品,使馅心水分、黏性保持适当,包入坯皮后,经熟制达到鲜嫩、汁多、味厚的特点。

熟肉馅一般因熟制使馅心又湿又散,黏性也差。解决的方法是加入湿淀粉勾芡,吸收溢出的水分,增加馅心的黏性。从而保持馅心的脆嫩、鲜美和入味。

甜味馅一般用坚果类原料和果脯、蜜饯类原料制成。因此,保持适当水分可采用泡、蒸、煮的方法,再加入熟油调节馅心干湿度;增加黏性可用糕粉或油糖。

（二）馅料加工细碎的程度适当

馅料细碎是制作馅心的共同要求。就是说馅料宜小不宜大,宜碎不宜整。因馅心是包入坯皮中,坯皮是米面皮,非常柔软,如果馅料大或整,就难以包捏成型;再就是易产生皮熟馅生的现象。所以要求馅料细碎,加工成小丁、小块、粒、茸、泥等。具体规格要按照面点馅心要求来决定。

（三）馅心口味应稍淡一些

馅心口味稍淡,过去一般是对咸味馅而言,现在甜味馅也在其内。馅心口味应与菜肴一样,咸淡合适。但是,由于面点多是空口食用,再加上经熟制有些会失掉一些水分,甜咸味增加,所以馅心调味应比一般菜肴稍淡(水饺、馄饨以及轻馅皮厚的面点除外)。

（四）根据面点的造型特点制作馅心

面点成型后的形态多种多样,要保持形态使成熟后的面点不走样、不塌陷,就要根据面点成型特点对馅心做不同的处理。如花色品种的馅心,一般应稍干、稍硬一些,使成熟后撑住皮坯保持形态不变,如薯蓉皮的蒸制品,对皮薄或油酥制品馅心,一般情况下要用熟馅,以防影响形态。

五、包馅比例

面点工艺中的包馅比例,即皮重与馅重的比例关系,也是一个重要的技术问题。一般来说,包馅量多少与成型技术的高低成正比。通常以皮薄、馅大作为鉴定面点技术的标准之一。包馅的多少与面点的具体品种有着密切的关系,即各种皮料与各种馅料由于品种不同,存在着不同的组成规律。凡合乎组成规律时,就能更好地反映面点特色,相反则不然。一般来说,包馅面点根据皮料与馅料的重量比可分为轻馅品种、重馅品种和半皮半馅品种。

（一）轻馅品种

轻馅品种皮料与馅料的重量比:皮料占60%～90%,馅料占10%～40%。轻馅品种适用于两种面点：一种是其皮料有显著特色，以馅料辅佐的品种，如开花包、蟹壳黄等；另一种是馅料具有浓郁香甜味，多放不仅破坏口味，而且易使面点穿底，如水晶包、鸽蛋圆子等。

（二）重馅品种

重馅品种皮料与馅料的重量比：皮料占 20％～40％，馅料占 60％～80％。重馅品种适用于两种面点：一种是馅料具有显著特点的，如广东月饼、春卷等；另一种是皮坯具有较好韧性，适于包制大量馅料的品种，如水饺、蒸饺、烧卖、馅饼等。

（三）半皮半馅品种

半皮半馅品种就是以上两种类型以外的包馅面点，其皮料与馅料的重量比：皮坯占 50％～60％，馅料占 40％～50％。半皮半馅品种一般适用于皮坯和馅料各具特色的品种。

六、上馅的手法

上馅又称打馅、包馅等，是在制成的坯皮中间放上已制好的馅心的工艺过程，是制作有馅面点的一道重要工序。上馅的好坏，直接影响成品的质量。常用的上馅手法有如下几种。

（一）包馅

包馅就是将馅料放在坯皮的中间，对折或拢起四周面皮，把馅料包在中间的工艺过程。这种方法使用广泛，如制作包子、水饺、点心等大多数品种时都采用这种方法。包馅还有多种方法，如卷裹类，即用两张皮子，一张放在下面，把上馅的皮上稍留些边，然后覆盖另一张皮，将包馅后的皮子依边缘卷捏成合子。

（二）卷馅

卷馅是将坯皮擀压成大片，然后将细碎丁馅或软馅抹在上面，从一边卷起成筒形，再做成制品，制熟后沿筒形截面切成块，露出馅心。如卷糕、豆沙花卷、卷筒蛋糕等。

（三）拢馅

拢馅是将馅心放在坯皮中间，然后沿皮四周轻轻拢起捏住，一般不封口，要露馅，如烧卖等。

（四）酿馅

酿馅是圆皮包好后留下几个洞，在各个洞中酿装不同的馅心，如四喜蒸饺、蜂窝饺等。

（五）滚馅

滚馅是把馅料切成小块或搓成小块，蘸上水后，放干粉中，用簸箕摇晃，裹上干粉而成，如汤圆、藕粉团子等。

（六）捻馅

捻馅是用筷子挑馅，抹在皮上端，往下一卷捻成小团再略捏而成。此法适合馅量较少的制品，如小馄饨等。

以上是几种常见面点制作中常用的上馅手法，不论运用哪一种上馅手法，上馅时必须掌握以下要点。

第一，要根据具体面点品种上馅，轻馅品种的馅心要少，重馅品种的馅心要多。

第二，不能根据馅心的软硬和易包状况而随意多上或少上，应均匀、数量相等，以保证制品外观一致。

第三，对于油量多的馅心，上馅时一定要包严密，以避免出现流馅、流卤汁、穿孔脱底等现象。

任务一　咸馅的调制工艺

知识准备

咸馅是最普通的一种馅心。咸馅的用料广泛、种类多样,常用的有菜馅、肉馅和菜肉混合馅等三类。菜馅是只用蔬菜,不用荤腥,加适当的调味品制成的,可分为生熟两类:生菜馅多以新鲜蔬菜为原料,口味要求鲜嫩、爽口、味美;熟菜馅多以干制蔬菜和粉丝、豆制品等制成,口味要求鲜嫩、柔软。肉馅多以家畜肉、家禽肉、水产品加入调味品调制而成的,分为生熟两种:生肉馅在制馅中要加水或掺冻,特点是肉嫩、鲜美、多卤;熟肉馅是由多种烹调方法制成的,特点是味鲜油重、卤汁少、爽口,适用于花色点心和油酥制品。

代表品种实例

（一）生咸馅

生咸馅是用生料拌和而成的,拌和后的馅心与主坯成型后同时成熟。因此,生咸馅能保持原料的原汁原味,具有清鲜爽滑、鲜美多卤的特点。用生咸馅可以制作出多种多样、别具风味的点心。

胡萝卜丝馅

任务描述

胡萝卜丝馅是以胡萝卜为原料,制作方法简单的一款素馅。要求如下:①学会调制胡萝卜丝馅。②熟悉并掌握胡萝卜丝馅原料加工处理及应用。

任务分析

本任务涉及选料、原料加工处理、调味、调制、拌和等几个工艺过程,制作关键在于原料加工处理及调味。

任务处理

❶ **标准食谱**　胡萝卜丝 1500 克,粉丝 200 克,鸡蛋 300 克,虾皮 110 克,香菜段 300 克,猪油 250～300 克,鸡精 50 克,味精 10 克,盐 8～10 克。

❷ **制作过程分解图**

原料选择　　　　　　　　　原料加工处理　　　　　　　　调制拌和

❸ **操作过程及要求**

（1）胡萝卜洗干净，擦成 0.2 cm×0.2 cm×4 cm 的丝，焯水过凉备用（或加盐稍腌，挤去水分备用）。

（2）粉丝提前用温水涨发好后，剁成末备用。

（3）香菜择洗干净，焯水，切成 2 cm 的丝备用。

（4）鸡蛋打散，炒熟炒散备用，无须调味。

（5）香菜、胡萝卜丝用猪油进行封油，加上粉丝末、鸡蛋、虾皮拌匀，再加入盐、味精、鸡精进行调味即可。

❹ **成品特点**　口味鲜香，颜色搭配美观。

❺ **拌馅要领**　胡萝卜可加盐稍腌，挤去水分，有些地区为去掉浓厚的胡萝卜异味，常采用沸水焯料后过凉的方法。

小白菜素馅

▶ **任务描述**

小白菜素馅颜色翠绿，营养丰富，便于包捏，是面点制作常用的素馅品种之一。要求如下：①学会调制小白菜素馅。②熟悉并掌握小白菜素馅原料的加工及应用。

▶ **任务分析**

本任务涉及原料初加工、洗涤、切配、封油、调味、调馅等几个工艺过程，制作关键在于切配及调味。

▶ **任务处理**

❶ **标准食谱**　小白菜 350 克，粉丝 150 克，猪油 20 克，虾皮 70 克，大葱 20 克，葱油 30 克，盐 5 克，味精 6 克，鸡精 5 克，白糖 5 克。

❷ **制作过程分解图**

| 原料初加工 | 切配 | 封油 | 调味 |

❸ **操作过程及要求**

（1）小白菜择去老烂叶、去根、洗净、焯水、过凉，切成碎末，挤水备用。

（2）粉丝用温水涨发后控干水分，切成末备用。

（3）虾皮洗净，洗去咸味。

（4）大葱切成葱花，用适量的油炸成金黄色，制作成炸葱花备用。

（5）调馅：将小白菜末封油后与虾皮、粉丝末倒在一起，加入炸葱花、猪油、葱油调匀，加入盐、味精、鸡精调匀备用。

④ **成品特点**　咸鲜味美,营养丰富。

⑤ **操作关键**

（1）原料加工过程中一定要控干水分。

（2）注意原料的投放顺序。

白菜猪肉馅

任务描述

白菜猪肉馅一直被视为经典搭配,其在营养搭配上也是非常合理的。大白菜清淡可口、滋味鲜美,与肥美的猪肉一起搭配,不但口感好,还能增进人的食欲,是非常受欢迎的一款馅心。要求如下:①学会调制白菜猪肉馅。②熟悉并掌握白菜猪肉馅原料的加工及应用。

任务分析

本任务涉及原料初加工、加水、调味、封油、冷藏（或冷冻）等几个工艺过程,制作关键在于加水及调味两个环节。

任务处理

① **标准食谱**

调好的猪肉馅 500 克,白菜 300 克。

调好的肉馅比例:猪肉 500 克,姜 15 克,葱 30 克,水 80～100 克,生抽 30 克,老抽 25 克,面酱 100 克,鸡精 7 克,盐 5 克,蚝油 33 克。

② **制作过程分解图**

原料初加工　　　　　　　封油　　　　　　　　调味

③ **操作过程及要求**

（1）选择瘦七肥三的猪肉剁成泥备用。

（2）葱、姜切成碎末备用。

（3）白菜切末后加盐稍腌,挤出水分备用。

（4）将猪肉泥放入盆内,加水,一般分 2～3 次完成。

（5）加调味品调制馅心,调味品投放的顺序是先放水性调味品再放粉性调味品,后加上葱、姜进行馅心调制即可。

（6）将调制好的馅心最后封油,放入冰箱内冷藏（或冷冻）。

（7）在加工好的白菜中倒入少许色拉油搅拌均匀,再加上调制好的肉馅拌匀,白菜猪肉馅即成,菜与肉的比例为 1∶1。

④ **成品特点**　味鲜而不腻,营养丰富。

⑤ **操作关键**

(1) 白菜不宜切得太碎,用盐腌制后水分必须控干,加盐量不宜太多。

(2) 注意调味品的投放顺序。

(3) 菜与肉的比例要适当,搅拌前一定要对蔬菜进行封油。

西葫芦虾仁馅

西葫芦以皮薄、肉厚、汁多而深受人们喜爱,虾仁味道鲜美,富含多种微量元素,这样两种食物搭配在一起,调制成的馅心非常鲜香,是面点制作中常见的一种馅心。要求如下:①学会调制西葫芦虾仁馅。②熟悉并掌握西葫芦虾仁馅原料的加工及应用。

→ 任务分析

本任务涉及原料初加工、腌制虾仁、调味等几个工艺过程,制作关键在于腌制虾仁及调味两个环节。

→ 任务处理

① **标准食谱**

馅心:西葫芦 500 克,虾仁 160 克,鸡蛋 100 克。

腌虾仁:500 克虾仁(加入一个蛋清),盐 2 克,味精 2 克,生粉 30 克,葱花 35 克,葱油 50 克,鸡精 6 克等。

② **制作过程分解图**

原料初加工　　　　　　　　腌虾仁　　　　　　　　调味

③ **操作过程及要求**

(1) 将西葫芦切成 5 cm 的段,再擦成 5 cm 的丝备用。

(2) 虾仁提前化冻,从虾线处切成两半,取出虾线后备用。

(3) 鸡蛋不加任何调味品炒熟炒散备用。

(4) 葱花炸制成金黄色备用。

(5) 虾仁加工好后放入鸡精、盐、味精、生粉、葱油、炸葱花进行调味腌制,按同一方向搅打,上劲。

(6) 腌制好的虾仁中加入西葫芦、鸡蛋末拌匀即可。

④ **成品特点**　咸鲜适口,营养丰富。

⑤ **操作关键**　腌制虾仁时要按同一方向搅打上劲。

（二）熟咸馅

熟咸馅是馅料经过烹制成熟后制成的一类咸馅。其烹调方法近似于菜肴的烹调方法,如煸、炒、焖、烧,此类馅心的特点是醇香可口、味美汁浓、口感爽滑。

熟咸馅制作的一般原则如下。

❶ **形态处理要得当** 熟咸馅要经过烹制,其形态处理要符合烹调的要求,便于调味和成熟,既要突出馅料的风味特色,又要满足面点包捏和造型的需要。因此在馅料细碎的原则下,合理加工,选择适当的形态是十分重要的。

❷ **合理运用烹调技法** 熟咸馅口味变化丰富,有鲜嫩、嫩滑、酥香、干香、爽脆、咸鲜等,要灵活地运用烹调技法,要选好烹调方法,把握好火候,才能制出味美适口、丰富多彩的馅心。

❸ **合理用芡** 熟咸馅常需在烹调中用芡。用芡是入味、增强黏性、防止过于松散、提高包捏性能的重要手段。常用的用芡方法有勾芡和拌芡两种:勾芡是在烹调馅料的炒制中淋入芡汁;拌芡是将先行调制入味的熟芡拌入熟制的馅料中。勾芡和拌芡的芡汁粉可用淀粉或面粉。

雪 笋 馅

任务描述

熟菜馅多用于各式花色点心,熟菜馅鲜嫩可口、油肥味浓,通常有雪笋馅、什锦素菜馅等。要求如下:①学会调制雪笋馅。②熟悉并掌握雪笋馅原料的加工及应用。

任务分析

本任务涉及原料初加工、炒馅、调味、搅拌等几个工艺过程,制作关键在于炒馅及调味两个环节。

任务处理

❶ **标准食谱** 雪里蕻(雪菜,腌制)500 克,去皮鲜笋 100 克,白糖 20 克,味精 2 克,酱油 10 克,花生油、精盐、鲜汤、水淀粉适量。

❷ **制作过程分解图**

原料初加工　　　　　　炒馅　　　　　　　　　调味

❸ **操作过程及要求**

（1）先将雪里蕻浸泡,减轻咸味,洗净,挤干,斩成细末;将鲜笋切成小丁。

（2）锅上火,放油烧热,放入笋丁略煸炒,加入鲜汤、白糖、精盐、酱油,焖烧 10 分钟左右盛起。

（3）将原锅上火放油,把雪里蕻煸炒透放入笋丁、味精同炒,用水淀粉勾芡拌和均匀。

❹ **成品特点** 咸香,甘鲜。

❺ **操作关键** 由于雪里蕻本身已有咸味,所以制馅时必须注意盐的使用量。

叉 烧 馅

→ **任务描述**

叉烧馅是由猪后腿肉、五香粉等制作的肉馅,制作过程比较复杂。要求如下:①学会调制叉烧馅。②熟悉并掌握叉烧馅原料的加工及应用。

→ **任务分析**

本任务涉及原料初加工、腌制猪肉、调味等几个工艺过程,制作关键在于腌制猪肉及调味两个环节。

→ **任务处理**

①**标准食谱** 叉烧肉 500 克,二锅头 10 克,糖 50 克,盐 8 克,味精 15 克,柱候酱、花生酱、海鲜酱、排骨酱、叉烧酱各 15 克,葱、姜各 20 克。叉烧芡:水 2250 克,糖 250 克,生抽 125 克,蚝油 125 克,葱油 100 克,老抽 75 克,味精 75 克,生粉 150 克,粟粉 150 克。

②**制作过程分解图**

原料　　　　　　　　　　加工　　　　　　　　　　调味

③**操作过程及要求**

(1) 在水中加入糖、生抽、蚝油、葱油、老抽、味精、生粉、粟粉快速搅拌,制成叉烧芡,晾凉。

(2) 将叉烧肉切成 0.2 cm 见方小丁,调入上述调味品备用。

(3) 将晾凉的叉烧芡与切好的叉烧肉按 1∶1 的比例拌匀成馅。

④**成品特点** 咸鲜适口,营养丰富。

⑤**操作关键** 腌制猪肉时要按同一方向搅打上劲。

任务二 甜馅的调制工艺

 **知识准备**

甜馅大多用干果类原料配果脯、白糖等制作而成。多数甜馅在制作中要求有一段静置时间,以保证干果类原料充分吸收水分。根据加工工艺,甜馅可分为生甜馅和熟甜馅两类。

代表品种实例

(一)**生甜馅**

生甜馅是以食糖为主要原料,配以各种果仁、干果、粉料(如熟面粉、糕粉)、油脂拌制而成的。果仁或干果在拌制之前一般要去壳、皮,再进行适当的熟处理。

生甜馅的特点是甜香、果味浓、口感爽。制作的原则如下。

(1)选择要精细。

(2)加工处理要合理。

(3)搅拌要匀、透。

(4)软硬要适当。

由于生甜馅没有经过加热成熟工序,其存放时间较短,故一般现调制现用,要避免长时间存放,以免出现发酸现象。

桂花白糖馅

任务描述

桂花白糖馅是以白糖为主料,掺入熟粉料或其他配料拌制而成的一类甜味馅。要求如下:①学会调制桂花白糖馅。②熟悉并掌握桂花白糖馅原材料的加工及应用。

任务分析

本任务涉及选料、原料加工处理、调味、调制拌和等几个工艺过程,制作关键在于调味及调制拌和两个环节。

任务处理

❶ **标准食谱** 桂花花瓣100克,白糖500克,熟面粉200克,猪板油75克。

❷ **制作过程分解图**

原料加工处理

原料选择

调制拌和

❸ **操作过程及要求**

(1)桂花花瓣拣去枝叶等杂物,放入白糖中搓擦均匀,腌渍片刻。

(2)面粉放在垫干布的屉内蒸熟或在烤箱内烤熟,冷却后擀碎过箩备用。

(3)将猪板油和熟面粉拌入白糖内搓擦均匀,软硬适当后(如果馅松散可略加水搓擦)即成桂花白糖馅。

❹ **成品特点** 甘甜可口,有浓郁的桂花香味。

❺ **拌馅要领** 拌馅时如太散需加水,但不宜放多,如制作烤制品,馅内可多加50克熟面,以免漏糖,可用香油替代猪板油。

五 仁 馅

任务描述

五仁馅是以熟制的果仁及蜜饯为主料,经加工处理后再与白糖及其他配料拌制而成的一类甜味馅。要求如下:①学会调制五仁馅。②熟悉并掌握五仁馅原材料的加工及应用。

任务分析

本任务涉及选料、原料加工处理、调味、调制拌和等几个工艺过程,制作关键在于调味及调制拌和两个环节。

任务处理

❶ **标准食谱**　杏仁 500 克,橘饼 125 克,瓜子仁 200 克,芝麻 100 克,核桃仁 750 克,榄仁 500克,肥膘肉 500 克,糕粉 300 克,糖玫瑰 100 克,白酒 10.5 克,清水 200 克,白糖 750 克,花生油适量等。

❷ **操作过程及要求**

(1) 将肥膘肉切成小方丁,用白糖、白酒腌渍。

(2) 杏仁用水浸泡后剥去外衣切碎。

(3) 瓜子仁、芝麻上火炒香,榄仁、核桃仁稍烤一下切碎(也可用油炸)。

(4) 橘饼切成小粒,将糖玫瑰用水洗出糖液,捞出玫瑰花瓣剁碎。

(5) 将处理后的肥膘肉、杏仁、瓜子仁、核桃仁、榄仁、橘饼、玫瑰、芝麻均放在案台上,加入玫瑰的糖液和清水、糕粉等拌匀(拌馅时加水量要根据馅的软硬调整),最后加入花生油再次拌匀即可。

❹ **成品特点**　馅心软硬合适,不松不散(用手能攥成团),表面柔润,口感甜香。

❺ **拌馅要领**　拌馅时加水量要适当,太多则馅软,成品不易成型;太少则馅硬。肥膘肉一定要用糖、白酒腌渍透,才能保证肉爽甘香。馅料颗粒不宜太大,否则影响上馅后的包捏。各种原料一定要混合均匀,馅制成后要保证有充分的吸水时间。

(二)熟甜馅

熟甜馅是以糖为基本原料,再配以各种豆类、果仁、蜜饯、油脂等拌制而成的一类风味独特、别致的馅料。制作方法一般是将原料制成泥茸或碎粒,再加糖炒制(或蒸制)成熟。

熟甜馅的特点是口味清甜油滑、质地细腻软糯,是一种广泛使用的馅心。

豆 沙 馅

任务描述

豆沙馅是一款传统的馅心,制作原料有红小豆、白糖、油、水等,老少皆宜,特点是甜而不腻,清爽可口。要求如下:①学会调制豆沙馅。②熟悉并掌握豆沙馅原材料的加工及应用。

任务分析

本任务涉及配料、熟制、去皮(核)、制成茸泥、成馅等几个工艺过程,关键在于熟制及去皮(核)两个环节。

任务处理

❶ **标准食谱**　红小豆 500 克,白糖 500 克,糖玫瑰 50 克,花生油 150 克。

❷ **操作过程及要求**

(1) 红小豆去杂物、洗净,放入锅中加水煮烂成豆沙。

(2) 用粗眼铁丝笊去皮洗沙,然后盛入布袋内压干水分。

(3) 将豆沙、白糖放入锅内,上火加热,用木铲边炒边铲,沸后减小火力。炒至豆沙基本浓稠时,分 4 次加入花生油(每次必须将油全部炒进豆沙馅后再放下一次)。最后加入糖玫瑰,炒至豆沙为浓厚状态且不粘手为止,即成豆沙馅。

❸ **成品特点**　甜糯细软。

❹ **拌馅要领**　煮豆时水要适量,避免糊底。炒沙时,锅面沸腾后要降低火力,用小火翻炒,使水分逐渐蒸发,糖分和油脂要逐渐吸入豆沙内,否则馅不细滑,且可能出现翻沙、渗油现象。

莲　蓉　馅

任务描述

莲蓉馅是用莲子、白糖、油等食材制成的一种馅心。要求如下:①学会调制莲蓉馅。②熟悉并掌握莲蓉馅原材料的加工及应用。

任务分析

本任务涉及选料、原料加工处理、调味、调制拌和等几个工艺过程,制作关键在于调味及调制拌和两个环节。

任务处理

❶ **标准食谱**　湘莲子 2500 克,白糖 3000 克,猪油 750 克,花生油 350 克,澄粉 500 克。

❷ **操作过程及要求**

(1) 湘莲子放入盆内,加入清水入笼屉蒸至绵烂。出锅后用铜笊过滤成莲蓉。

(2) 将莲蓉放入铜锅内,加入白糖,上火烧沸后,降低火力,边煮边铲,铲至浓稠状,将花生油和猪油分数次加入(每次必须将油全部炒入莲蓉后再加下一次),最后将澄粉筛入锅炒至均匀、不粘手即可。

❸ **成品特点**　纯香柔软,甘甜细滑。

❹ **拌馅要领**　炒馅时要先用旺火,炒沸后改用慢火,否则莲子易糊底,冷却后会发硬、翻沙;油要分几次加入锅内,每次要等油全部与莲蓉融合后,再加下一次,使水分逐渐蒸发油脂逐渐渗入馅中。

任务三　特色馅心的调制工艺

一、虾饺馅

❶ **原料**　生大虾肉 800 克,青虾肉 200 克,猪肥膘肉 200 克,冬笋 100 克,猪油 25 克,味精 6 克,

香油 10 克,胡椒粉 1 克,白糖 5 克,盐 20 克等。

❷ 制作方法

(1) 将生大虾肉挑去脊上的泥筋,洗净,用布吸干虾肉水分,放在墩子上用刀背剁烂成虾泥。

(2) 将青虾肉(小虾仁)用沸水焯熟,捞出,盛放在盘内,凉透。

(3) 将猪肥膘肉煮熟捞出,用凉水冲冷,切成稍粗的丝段。

(4) 将冬笋切成长约 1 厘米的小丝段。

(5) 将虾泥放进盆内,先加入盐,用手搅至上劲而有韧性,然后放进笋丝段、熟虾仁、熟肥膘丝段等,搅拌均匀,再加入猪油、味精、香油、胡椒粉、白糖,再次搅拌均匀即成虾饺馅。

❸ 特点　爽脆味鲜。

❹ 拌馅要领　搅虾胶忌用葱、姜、酒、生水等,否则虾胶不爽脆,馅身发绵;猪肥膘肉煮至刚熟即可,否则出油后馅不脆。

二、百花馅

❶ 原料　大虾肉 500 克,猪肥膘肉 100 克,鸡蛋清 10 克,精盐 7 克,味精 3 克,香油 5 克,白糖 2.5 克,胡椒粉 0.5 克。

❷ 制作过程

(1) 将大虾肉挑去脊背上的泥筋,洗净,用洁净的布吸干水,用刀背将虾肉剁烂成虾茸待用。

(2) 将猪肥膘肉切成细粒。

(3) 将虾茸放进盆内,先加入盐搅至起胶(有黏性),然后放入猪肥膘肉粒、鸡蛋清、味精、白糖、精盐、胡椒粉、香油拌匀,即成百花馅。

❸ 特点　爽脆味鲜。

❹ 拌馅要领　先将虾肉搅拌成虾胶,忌用酒、姜、葱、酱油;有些制品可加入笋丝。

三、咖喱馅

❶ 原料　牛肉 250 克,圆葱 50 克,咖喱粉 13 克,白糖 6 克,胡椒粉 1 克,味精 2 克,猪油 25 克,料酒 10 克,湿淀粉 12 克,清汤 75 克,精盐适量。

❷ 制作方法

(1) 将牛肉剔净筋,用刀剁成粗肉末,加入少量湿淀粉浆搅匀。下油锅滑熟,盛出控干油。

(2) 圆葱切成小丁,将锅上火烧热,注入猪油,把圆葱放入煸香,加入咖喱粉炒香,加入牛肉末炒匀,下入其他调料,加湿淀粉炒匀即可。

❸ 特点　色黄,有浓郁的香味。

❹ 制馅要领　用湿淀粉浆牛肉时,粉量不宜过多。滑肉的油不宜过热,否则肉易成坨;炒咖喱油时,油温不能太热,火不宜太大,否则咖喱粉下锅变黑,影响馅的色泽。

四、汤包馅

❶ 原料　猪瘦肉 1000 克,猪肥肉 500 克,母鸡一只(约 1000 克),猪皮 500 克,精盐、料酒、胡椒粉、味精、葱、姜、酱油、白糖适量。

❷ 制作过程

(1) 将猪肉、母鸡、猪皮洗净,焯水,捞出用清水洗净。

(2) 锅内加入清水烧开,放入猪肉、母鸡、肉皮,加入葱、姜(用刀拍扁),用旺火煮沸,然后用小火煮烂(鸡能去骨,猪肉可用筷子插入)。葱、姜捞出,猪肉、猪皮、鸡捞出,鸡去骨。

(3) 猪肉、鸡肉切成 1 厘米见方的小丁,肉皮用绞肉机绞烂或用刀剁成肉皮蓉,分别盛放。

（4）原汤过滤后煮沸，将肉丁、肉皮蓉放回原汤内煮沸，加入少量酱油（取色）、料酒、精盐、葱末、姜末、胡椒粉、味精搅匀，待口味浓醇时，起锅倒入盆内，冷却后放入冰箱凝结，用时从冰箱中取出，用尺板稍搅即可。

❸ **特点**　汤浓味鲜。

❹ **制馅要点**　汤不宜过稀或过浓。过稀不凝结，过浓入口不清淡，馅发硬。以出汤馅 2500～3000 克为宜；鸡肉、猪肉不宜煮得过烂，否则汤不清。

项目检测

互动讨论题　结合实训课堂内容，同学们互相交流不同馅心调制的要领和注意事项。

理论、技能
知识点
评价表

项目二

卤汁（或卤子）调制工艺

项目描述

　　因面条的产地和品种的不同,卤汁(或卤子)的种类和特点差异也很大,如世界著名的意大利面、美国加州面条等都有其特有的卤汁。中国的四大面条和兰州拉面的卤汁也不一样,下面介绍拉面和家常刀切面的卤汁种类与特点。

一、卤汁的种类

① **炸酱类**　常见的有肉丁炸酱、肉泥炸酱、肉丁干炸酱、肉泥干炸酱、鱼籽干炸酱、虾仁干炸酱等。

② **清汤类**　常见的有海鲜清汤、肉丝清汤、鸡丝清汤、海参清汤、虾仁清汤等。

③ **浓汤类**　常见的有鱼卤(温卤)、打卤等。

④ **干拌类**　常见的有麻汁、肉丝等。

二、卤汁的特点

(1) 品种繁多,各有特色。

(2) 工艺简单,但操作一定要到位,尤其对刀工的要求特别高。

(3) 口味一般以咸鲜为主。

(4) 卤汁和面条要搭配合理,一般情况下,清汤配细条,浓汤配粗条,炸酱配宽条。

代表品种实例

西红柿焖锅卤

任务描述

　　西红柿焖锅卤是比较家常的一款卤汁,做法简单,和西红柿炒鸡蛋的做法类似,比较容易。要求如下:①学会制作西红柿焖锅卤。②熟悉并掌握西红柿焖锅卤原材料的加工及应用。

任务分析

　　本任务涉及选料、原料加工处理、烹调、调味等几个工艺过程,制作关键在于原料的加工及烹调两个环节。

任务处理

① **标准食谱**　西红柿 500 克,鸡蛋 1 个,木耳丝 30 克,番茄酱 20 克,白糖 5 克,鸡精 5 克,盐 7

克,水 700 克左右,炸葱花、葱油适量。

② **操作过程及要求**

(1) 在西红柿的顶端切一个十字交叉形,然后放入热水中去皮,去皮后再把西红柿切成 1 cm 大小的西红柿丁,木耳切丝。

(2) 葱花爆锅,把番茄酱放入里面炒散。把西红柿丁倒入锅中炒(小火)。西红柿煸炒的时间要长,煸炒出浓郁的香味。

(3) 加入水和木耳丝,大火烧开(在熬煮的过程中,随时翻搅,以免西红柿煳锅底)。

(4) 烧开后改小火,淋上鸡蛋,加入盐、鸡精,进行调味。

③ **成品特点**　口味鲜香,西红柿味浓郁。

④ **操作要领**

(1) 掌握好烹调的火候。

(2) 烹调时要勤翻炒原料,避免煳锅底。

芸 豆 打 卤

任务描述

芸豆打卤是一道家常卤汁(卤子),主要材料为芸豆、猪肉、鸡蛋、香菜。芸豆打卤制作简单、营养丰富、口味鲜美。要求如下:①学会制作芸豆打卤。②熟悉并掌握芸豆打卤原材料的加工及应用。

任务分析

本任务涉及选料、原料加工处理、烹调、调味等几个工艺过程,制作关键在于原料的加工及烹调两个环节。

任务处理

① **标准食谱**　猪肉片 300 克,芸豆 300 克,鸡蛋 2 个,香菜、葱、姜、盐、味精、鸡精适量。

② **操作过程及要求**

(1) 芸豆焯水后过凉,控干水分,切成 0.3 厘米的粒。

(2) 油加葱、姜爆锅,加入猪肉片炒熟。

(3) 锅内加水,再加入芸豆煮熟,撇去浮沫,烧开,淋入打散的鸡蛋液。

(4) 烧开后,加入盐、鸡精、味精进行调味,最后撒香菜。

③ **成品特点**　咸鲜适口,营养丰富。

④ **操作要领**

(1) 芸豆一定要焯水,避免夹生。

(2) 烹调时掌握好火候。

项目检测

互动讨论题　结合实训课堂内容,同学们互相交流卤汁调制的要领和注意事项。

理论、技能
知识点
评价表

模块六

中式面点成型工艺

本模块课件

模块描述

面点成型工艺就是按面点制品的要求,把面团按照制作标准来制作成面点。面点制品质量的好坏关键在于面团的揉制,本模块主要介绍各种常用面团的品种及加工方法等,突出以基本技能练习与基本功训练为主的教学内容。

面点成型,是指面团最后出型的过程。面点成型对面点的成品制作起着关键的作用。具体总结如下。

一、面团出条和下剂工艺

(一)面团出条工艺

面团出条,即面团搓条,操作方法如下:取出一块面团,先拉成长条,然后双手掌根部摁在长条上,来回推搓,边推边搓(必要时也可拉一拉),将长条向两侧延伸,成为粗细均匀的圆形长条。搓条的基本要求是条圆、光洁(不能起皮、粗糙)、粗细一致(从一头到另一头粗细必须一样,这样下剂子时,不至于出现粗的部分剂子大,细的部分剂子小的情况)。

第一,两手着力均匀,两边使力平衡,防止一边大一边小,一边重一边轻。第二,要用手掌根部摁实推搓,不能用掌心,否则摁不平、压不实,不但搓不光洁,而且不易搓匀。圆条的粗细,根据成品需要而定。如馒头、大包的条粗一些,饺子、小包的条细一些。应注意不论粗的或细的,都必须均匀一致。

(二)面团下剂工艺

下剂又称掐挤,是将搓条后的面团条分成大小均匀的剂子。下剂不仅直接关系到产品外观的一致性同时也是成本核算的标准。

下剂的手法有摘剂、挖剂、拉剂、切剂、剁剂等。

❶ **摘挤** 又称揪剂。左手握住面团条,不要握得太紧,否则容易变形。左手的虎口处露出需要的剂子大小的面团条截面,用右手大拇指和食指捏住,顺势用力揪下,每揪一次就要90°翻转一次面团条,再重复揪剂的这个动作即可。摘剂多用于制作水饺、蒸饺。

❷ **挖剂** 又称铲挤。把面团条放在案板上,左手按住面团条,右手四指弯曲成铲形,从面条下伸入,四指向上一挖,剂子就被挖出来了,左手往后移动一下,留出一个剂子大小的截面,再重复动作。挖剂多用于制作较粗的面团条。

❸ **拉剂** 将左手按住面条,右手五指抓住剂子用力拉下,多用于较烂的面团。

❹ **切剂** 将面团条放在案板上,右手拿刀从面条的左边开始切,左手要配合右手,多用于明酥的点心。

❺ **剁剂** 将面团条放在案板上,根据品种的大小用力均匀地剁下剂子,多用于花卷、馒头等的制作。

无论使用哪种方法,下剂的关键点都要做到每个剂子大小均匀、剂口光洁,这样做出来的点心大小一致,表面平整、光洁。

二、面点制皮工艺

由于面点品种的要求不同,制皮的方法也多种多样,归纳起来主要有以下几种。

❶ **按皮** 这是一种简单的制皮法,下好的剂子,两手揉成球状,用右手掌面按成边薄中间较厚的圆形皮,按时注意用掌根,不用掌心,掌心按不平也按不圆。如一般糖包的皮,就是使用按皮制皮法。

Note

❷ **拍皮**　这是一种简单的制皮法,下好的剂子,不用揉圆就戳立起来,用右手手指揿压一下,然后再用手掌沿着剂子周围着力拍,边拍边顺时针转动,把剂子拍成中间厚、四边薄的圆整皮子。拍皮用于大包子一类面点品种的制作。这种方法单手、双手均可进行。单手拍,是拍几下,转一下,再拍几下;双手拍,是左手拿着转动,右手掌拍即可。

❸ **捏皮**　捏皮适用于米粉面团制作汤团之类品种,先把剂子用手揉匀搓圆,再用双手手指捏成圆壳形,包馅收口,一般称为"捏窝"。

❹ **摊皮**　这是一种比较特殊的制皮法,主要用于制作春卷皮。春卷面团是筋质强的稀软面团,拿起时往下流,用一般方法制不了皮,所以必须用摊皮方法。摊皮时,平锅架火上(火候适当),右手拿起面团,不停抖动,顺势向锅内一摊,即成圆形皮,立即拿起面团抖动,等锅上的皮受热成熟,取下,再摊第二张。摊皮技术性很强,摊好的皮,要求形圆、厚薄均匀、没有沙眼、大小一致。

❺ **压皮**　压皮也是特殊的制皮法,下好剂子,用手略摁,然后右手拿刀,放平压在剂子上,左手按住刀面,向前旋压,成为一边稍厚、一边稍薄的圆形皮。广东的澄粉面团制品,大都采用这种制皮法。

❻ **擀皮**　擀皮是当前最主要、最普遍的制皮法,技术性也较强。由于擀皮适用品种多,擀皮的工具和方法也多种多样。下面介绍几种主要的擀法。

(1) 水饺皮擀法(包括蒸饺、汤包等):使用的小擀面杖(多数为小枣核杖)分为单杖和双杖两种,多数使用单杖。使用单杖擀皮时,先把面剂(坯子)用左手掌按扁,左手的大拇指、食指、中指三个手指捏住边沿,放在案板上,一面向后边转动,右手即以单杖在按扁剂子的三分之一处推轧单杖,不断地向前转动,转动时用力要均匀,这样就能擀成中间稍厚、四边略薄的圆形皮子。

(2) 烧卖皮的擀法:使用的是枣核形的小面杖(又叫橄榄棍)。先将剂子按扁,双手配合将面剂旋转擀成薄皮,再利用枣核形面杖双手配合将面皮旋擀成褶皱纹。

(3) 包子皮的擀法:使用的是直径 2 cm、长 25～30 cm 的小面杖,将下好的面剂用手按扁,左手食指和拇指捏住面皮边,右手压住面杖,双手配合旋转擀成中间厚边缘薄的面皮。

(4) 酥皮擀法:使用工具为擀酥皮通心槌,将包好的酥皮平铺案上先用通心槌均匀按压,然后双手握紧通心槌滚轴,均匀用力,将酥皮擀成厚度均匀、形状对称、边缘方正的皮坯。

三、面点成型工艺

面点成型就是将调制好的面坯,按照面点的制品要求,运用各种手法制成多种多样的半成品(或成品)。

面点成型工艺大致有揉、卷、包、捏、叠、摊、押、切、拨、削等。

大部分面点成型都需要采用两种或两种以上的成型方法来完成。

(一) 揉

(1) 揉是面点制作的基本动作之一,也是制品成型的方法之一,是将下好的剂子用手揉搓成球状、半球状的一种方法。

揉分为双手揉和单手揉两种,其中双手揉又分为揉搓和对揉。

(2) 揉面的基本要求:要适当多揉,至剂面光洁,不能有裂纹和面褶,且内部结构紧密,收口处要揉得越小越好。

揉成型的半成品形状大小要整齐一致。

(二) 卷

卷是采用卷馅法上陷后将坯料连同馅一起卷拢成圆柱状的一种方法。

卷一般和搓、切、叠等方法配合操作。卷可分为单卷法和双卷法两种。

卷的制作要求如下。

（1）要抹馅料的品种,馅不可抹在坯料的边缘,或全抹在坯料的一边。

（2）卷制时可在封边上涂点水使其粘连不散。

（3）卷制时两端要整齐卷紧,用力要适当,以防馅心挤出,不仅影响美观,还浪费原料。

（4）卷制后的坯条应粗细均匀。

（三）包

包是面点成型工艺中的一项必须掌握的主要技术要领,是将制好的皮或其他薄形的原料(如春卷皮、粽叶等)上馅后使之成型的一种方法。

包的方法有包入法、包拢法、包裹法等,常和卷、捏、搓等结合使用。

提褶包法主要用于小笼包、大包及中包之类的面点制品。

提褶包法的技术难度较大,需要一边提褶一边收拢,最后收口、封嘴。一般提褶制品的褶子要求清晰、纹路要稍直,应不少于 18 褶,最好是 24 褶。

（1）枕包式包法步骤:馅料放在厚的大钝皮中间,对角相互对折,左边抹少许水后折上来,右边抹少许水搭上去,让封口朝下,反扣朝上放。

（2）伞盖式包法步骤:将肉馅用刮刀抹一层在薄的大馄饨皮上,用指尖将边上四周聚拢,左边抹少许水后折上来,再用虎口捏紧封口一扣成型,即成伞盖式。

（四）捏

捏是将上馅的皮按成品形态要求,经双手的指上技巧制成各种不同造型的半成品的方法。

根据品种的形状不同,捏又可分为一般捏法、提褶捏法和捻捏法。

（1）一般捏法:用包入法入馅后将边皮收拢,捏紧。

（2）提褶捏法:用包入法入馅后,一手托住坯馅,另一手用拇指和食指在坯皮的边沿有顺序地折叠并提向中间,慢慢收口成型。

（3）捻捏法:在包制成型的基础上,将封口的边用力捏出少许,拇指在边沿的下边、食指在边沿的上边捏住边皮向上捻,捻后再用拇指与中指将一个褶捏好,并向前稍移再捏而成的螺旋花纹形。

 项目检测

互动讨论题　结合实训课堂内容,同学们互相交流面点不同成型手法的要领和注意事项。

理论、技能
知识点
评价表

模块七

中式面点成熟工艺

→ 模块描述

　　面团成熟就是按面点制品的要求,把粉料与水等原辅料掺和后按照不同要求将面点制作成熟的过程。面团的熟制直接影响面点最后的成型,本模块主要介绍各种常见面团品种和不同的成熟工艺,突出以基本技能练习与基本功训练为主的教学内容。

　　面点成熟工艺是面点最后熟制的过程,对面点的成品质量起着关键的作用。具体总结如下。

一、面点成熟的概念和作用

(一)面点成熟的概念

　　面点成熟是将面点生坯或半成品运用各种加热方式,使其成为色香味形俱佳且符合质量标准熟制品的过程。

(二)面点成熟的作用

　　(1)成熟能确定和体现制品的质量。

　　(2)成熟能改善制品的色泽,突出制品的形态。

　　(3)成熟能提高制品的营养价值。

二、面点成熟的方法

(一)单一成熟法

❶ **蒸**　把面点生坯放在笼屉(蒸盘)中,将蒸汽作为传热介质,在温度的作用下使制品成熟的一种成熟方法。

　　传热方式:蒸汽的传导和对流。

　　适用品种:发酵面团制品、物理膨松面团制品、热水面团制品、米类制品等。

　　特点:适应性强,膨松柔软,形态完整,馅心鲜嫩。

蒸制成熟的面点

❷ **煮**　将成型的生坯投入沸水锅中,将水作为传热介质,通过水的传导和对流作用使制品成熟的一种方法。

　　传热方式:水的传导和对流。

　　适用品种:冷水面团制品、米类制品、羹汤等。

　　特点:成熟时间长,馅心鲜嫩,制品爽滑,重量增加。

　　煮就是利用沸水将面点半成品熟制的一种加温方法,煮制面点制品时必须在水沸后下锅,有些要猛火煮制,有些要慢火煮制,还有些要先猛火后慢火,也有部分要先慢火后猛火。在适当的时候要搅动半成品,并且还要采取一定的措施,否则会造成面点半成品坠底、变形等现象。如煮水饺必须用猛火,并且在打开盖子的时候要向锅中加入凉水,面点行业内叫"点水",以使皮料收缩变爽而不易烂。

煮制成熟的面点

❸ **煎**　是指通过金属煎锅(电饼铛)和少量的油或水的热传递使制品成熟的一种方法。

煎的分类:油煎、水油煎。

适用品种:热水面团制品、发酵面团制品、米类制品等。

煎制成熟的面点

❹ **炸**　亦称油炸,是指将成型的面点生坯投入到一定温度的油内,以油为传热介质使制品成熟的方法。

传热方式:油的传导和对流。

适用品种:适用面很广,几乎所有面团制品。

炸制成熟的面点

❺ **烤**　又称烘烤、焙烤、烘、炕,是把成型的面点生坯放入烤盘中,送入烤炉内,利用炉内的高温使其成熟的一种方法。

传热方式:传导、辐射、对流三种皆有。

制品特点:受热均匀,色泽鲜明,形态美观。

适用品种:膨松面团制品、油酥面团制品等。

烤制成熟的面点

（二）复合成熟法

面点成熟过程中,利用两次或两次以上单一成熟法进行熟制,这种成熟方法称为复合成熟法。

三、面点成熟的操作

（一）蒸

蒸是将面点的半成品放于蒸笼内,利用水蒸气在蒸笼内的传导、对流将半成品加温至熟的一种方法。根据加温要求的不同分为猛火蒸、中火蒸、慢火蒸,但在实际操作中,经常也会遇到一些加温时先猛火后慢火,也有个别品种在蒸时还要不断地松开笼盖排去部分蒸汽。

如叉烧包的蒸制必须用猛火,否则达不到疏松、爆口的要求;马蹄糕的蒸制则需要用中火,否则会表面起泡、不细腻、组织结构不严密等;炖布丁时就先用中火再用慢火,并且要松笼盖,这样才能使成品香滑、色泽鲜明滋润、没有皱纹,否则表面会起洞,粗而不滑或坠底等。

（二）煎

煎就是锅中放少量的油,再将中式面点半成品放入锅内,利用金属传导的原理,以沸油为媒介,将面点半成品加温至熟的一种方法。煎一般分为生煎、熟煎、半煎炸、锅贴四种煎制方法。

（1）生煎:生煎就是将面点半成品放入煎锅内,煎至两面金黄色后,向锅内加少许水并加盖,利用锅内的蒸汽将面点半成品加温至熟的一种煎制方法。

（2）熟煎:熟煎就是将面点先蒸熟或煮熟,然后再放入煎锅内,将其煎至两面金黄色的一种煎制方法。

（3）半煎炸:半煎炸就是先将面点半成品放入煎锅内,先煎制两面金黄色后,再向锅内倒入高度为点心半成品一半的油,煎炸至皮脆的一种煎制方法。此方法一般适用于一些体型较大、利用生煎较难煎熟的面点制品,如煎薄饼、煎棋子饼等。

（4）锅贴:锅贴同生煎相差不大,不同之处是先将面点半成品煎至一面金黄色后,即可加水加盖,再煎至产品成熟。产品特点是一面香中带脆,一面柔软嫩滑。

（三）炸

炸就是利用液态油受热后升高温度产生热量,使面点半成品受热成熟的一种方法。中式面点中有许多产品是用油炸加温制作出来的,但油炸加温是几种加温方法中最难控制的一种。因为炸制面点制品不仅要严格掌握火候、油温、炸制时间等,而且还要根据面点制品用料的不同、制作方法的不同、质量要求的不同等灵活使用油炸技术。如在炸制过程中,油温过高会使点心成品表面很快变焦而内部不熟,油温过低,则面点成品易吸油,成品容易散碎,色泽不良。要想对油炸技术进行良好的运用,首先必须掌握好油烧热后的油温的变化。油温的变化在面点行业内一般用直观鉴别的方法进行。

（1）油在锅内受热后，开始在锅内微微滚动，同时发出轻微的吱吱声，即为油内水分开始挥发的现象，此时的油温为 100～120 ℃。

（2）随着油温继续升高，锅内油的滚动由小到大，声音慢慢消失，这时油内水分基本挥发完毕，此时油温为 150～160 ℃。

（3）当烧至油面上有白烟冒起时，可以判定此时油温为 200 ℃左右。

（4）当油的滚动逐渐停止并且油面有青烟冒起时，可以判定此时油温为 270 ℃左右，再继续升温的话油就会燃烧。

（四）烤

烤就是利用烤炉内的热源，通过传导、辐射、对流三种作用将面点半成品加温至熟的一种熟制方法。烤炉内的加温与其他加温方法不同，烤炉内一般有上、下两个火源同时加热，使点心同时受热。而一般面点半成品入烤炉后均放于下火上，所以在调节烤炉炉温时一般是上火比下火高 20 ℃左右。烤制技术在面点制作中也是经常用到的一种熟制技术，许多中式面点制品均需要用烤制的方法加温，并且在加温中根据品种大小、材料、制作工艺等采取不同的炉温，有些还需要在烤制过程中不断地变换炉温，如在烤核桃酥时，必须先用上火 160 ℃、下火 150 ℃烤至成品成饼状时，才又升至上火 180 ℃使其定型、变脆，否则若入炉温度太高，则马上定型，成品不能成为饼状；若入炉温度太低，就会造泻油而无法成型。这就是烤制加温控制的重要性所在。

 代表品种实例

水　饺

任务描述

水饺是我国北方地区流行的一种民间传统食品，备受群众欢迎。要求如下：①了解冷水面团的定义及特点。②掌握冷水面团的调制要领。③掌握水饺的制作流程和方法。

任务分析

本任务涉及制馅、和面、搓条、下剂、制皮、成型等几个工艺过程，制作关键在于制皮的方法和成型手法。

任务处理

❶ **标准食谱**
皮料：面粉 500 克、冷水 250～260 毫升。
馅料：肥瘦猪肉 500 克、葱 100 克、姜 5 克、清汤 200 毫升（冷）。

❷ **制作过程分解图**

准备原料　　　　　　　　调制馅心　　　　　　　　和面

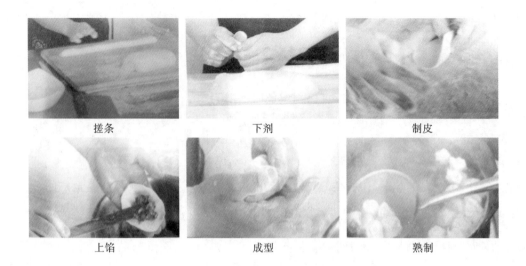

搓条　　　　　　　　下剂　　　　　　　　制皮

上馅　　　　　　　　成型　　　　　　　　熟制

❸ 操作过程及要求

（1）调制发酵面团，将发酵面团揉匀揉透，搓成长条，用手揪下剂子（下剂要均匀，大小一致）。

（2）将每个剂子按扁，一手捏住边沿，另一手擀制、双手配合，剂皮顺一个方向转动，直至大小适当、中间稍厚、四周略薄成圆形即可。

（3）左手拿皮，手指微弯曲呈窝形，右手拿尺板，把馅料盛入皮中间，抹平，用左手的拇指将盛有馅的饺子皮挑起，对折成半圆，捏牢中间由两边向中间封口，双手拇指和食指按住边，同时微微向中间轻轻一挤，使饺子中间鼓起呈木鱼状。

（4）适当进行整形后，将饺子逐个放入开水中，用手勺顺同一个方向推动水、带动饺子旋转，饺子慢慢浮起，直至成熟。

❹ 成品特点

色泽洁白，造型规整均匀，饺皮软滑，馅心鲜嫩，美味可口。

❺ 操作关键

（1）面坯要揉透，皮面的光洁度要高。

（2）注意手指的相互配合、协调，捏出的纹路要清晰。

（3）表面光洁，中间肥大，呈木鱼状。

项目检测

理论、技能
知识点
评价表

互动讨论题　结合实训课堂内容，同学们互相交流面点成熟方法的要领和注意事项。

模块八

中式面点四大风味流派及地域特色面点代表品种

→ 模块描述

中式面点风味大致可分为北味和南味。北味以面粉杂粮制品为主,南味以米粉制品为主。中式面点分为京式、苏式、广式、川式四大风味流派。其中,京式风味为北味的代表。广式、苏式风味为南味的代表。除此之外还有少数民族地区的面点分类等。

→ 模块目标

1. 了解中式面点的风味流派和形成过程。
2. 理解中式面点风味流派形成的条件。
3. 掌握四大风味流派面点的原料特色、口味特色、技艺特色、代表品种。
4. 认识地域特色面点的品种和特色。

一、京式面点

(一)京式面点概述

京式面点是指黄河流域中下游地区的面食小吃和点心,包括华北、东北地区和山东各地流行的民间风味小吃和宫廷风味点心,由于它以北京面点为代表,故称京式面点。

北京曾经是金、元、明、清四个封建王朝的帝都。金、元朝统治者建都以后,将南宋和其他地区的能工巧匠带至北京。明朝统治者迁都北京后,又将河北、山西和江南地区的匠人召至北京。迁居北京的糕点师将南方的糕点制作工艺带到北京,南方的糕点制作工艺后来成为京式面点的重要组成部分。几百年来,北京一直是我国政治、经济、文化和技术发展的中心,北京这座城市的特殊性有力地促进了北京餐饮的发展,这对中式面点的发展也有着深远的影响。

我国华北东北地区盛产小麦。民间百姓的日常饮食多以面食为主。人们常说的京式面点的四大面食(小刀面、拨鱼面、刀削面和抻面),都是以面粉为主要原料制作而成的面点小吃。京式面点就是在继承民间小吃的基础上发展起来的。北京不单是中国的政治、文化、经济中心,也是一个多民族相邻杂居的城市。馓子麻花、沙琪玛、冷面、打糕等少数民族的面点代表品种都融进了京式面点。

(二)京式面点的特色

(1)面点原料以面粉为主,杂粮居多。

京式面点在馅心制作上多采用水打馅技术,增加馅心的含水量和嫩度。馅心调制多用葱、姜、料酒、香油、花椒、胡椒等调味料来调剂口味。比如天津的狗不理包子就加入了骨头汤,放入了葱花、香油等搅拌均匀成馅的,其风味特点是口味醇香,肥而不腻。

(2)面食制作技艺性比较强。

京式面点中被称为四大面食的抻面、刀削面、小刀面、拨鱼面不但制作工艺精湛,而且口味劲道爽滑。

(3)京式面点的代表品种有京八件、豌豆黄、龙须面、盘丝饼等。

京八件

豌豆黄

龙须面

二、苏式面点

（一）苏式面点概述

苏式面点泛指长江中下游上海、江苏、浙江、安徽等地区制作的面食小吃和点心。苏式面点起源于扬州、苏州，发展于江苏、上海，因为以江苏面点为代表，所以称为苏式面点，苏式面点因地区不同，可划分为苏扬风味、淮扬风味、宁沪风味和浙江分味。

我国长江中下游地区被称为鱼米之乡，自古以来苏州和扬州经济繁荣，文人荟萃，山谷云气，游人如织，有"上有天堂，下有苏杭"一说。深厚的文化内涵，为苏式面点的形成奠定了人文基础。长江中下游江浙沪地区得天独厚的自然条件、优越的地理位置、丰富的物产资源，为苏式面点的形成提供了物质基础。江浙沪地区有长江、钱塘江、京杭大运河以及太湖、阳澄湖，一年四季水产丰富，加上带有地方特色的丰富物产，为居民生活提供了巨大的农副产品资源。

（二）苏式面点的特色

（1）苏式面点制品讲究色、香、味、形俱佳，口味鲜美，汁多肥嫩，注重工艺风味，面点制作技术独特精致。

（2）苏式面点的馅心用料讲究口味浓醇，色泽较深，调味较重，不少品种使用熟馅，生馅中多用鲜汤和皮冻，富有独特的风味。苏式面点应时送出，随季节变化和人们的饮食习惯不同而更换品种。苏式面点制作精细，讲究造型。最具造型的苏式面点是船点、花式酥点、宁波汤团。

（3）苏式面点的代表品种有三丁包、淮扬汤包、蟹粉汤包、蟹壳黄、翡翠烧卖、宁波汤团、黄桥烧饼、青团、麻团、船点、花式酥点等。

苏式面点

三、广式面点

（一）广式面点概述

广式面点是指珠江流域及我国南部沿海一带人民制作的面食、小吃和点心。通常以广东面点为代表，故称广式面点。

（二）广式面点的特色

（1）广式面点的形成。广式面点富有南国风味。广东地处我国的"南大门"，经济比较发达，对外交流频繁，气候比较炎热，长期以来广东人民养成了一种饮茶食点的习惯。由于物产丰富、用料广泛、品种繁多，所以有"食在广州"的美称。又因为广东的特殊地理位置，对外交流频繁，所以面点制作吸收了西点制作技术。

（2）广式面点品种花样繁多，使用的原料范围广泛，擅长运用油、糖、蛋和化学膨松剂，一般皮质较软。广式面点吃口松软、爽滑、酥松，并带有一定的甜味。当地人民还善于利用瓜果、蔬菜、杂粮、鱼虾类原料制作具有特殊风味的点心。

（3）广式面点的馅心选料讲究，保持原味，口味有清有浓，咸中带甜，甜中带咸；以虾肉为主，口味鲜嫩；多用熟馅，芡粉较重。

（4）广式面点的代表品种有虾饺、叉烧包、马拉糕、马蹄糕、鱼片粥、沙河粉、肠粉、萝卜糕、月饼等。

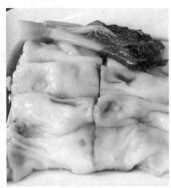

广式面点

四、川式面点

（一）川式面点概述

川式面点发源于长江中上游，多指四川、重庆、云南、贵州一带的面食和小吃，以四川面点和小吃为代表，故称为川式面点。川式面点在当地分为重庆面点和成都面点两个流派。

我国长江中上游的西南地区，雨量充沛，物产丰富，四川被称为天府之国，一年四季都盛产各种不同的粮食、蔬菜水果、畜禽产品，这为川式面点的形成奠定了很好的物质基础。

（二）川式面点的特色

（1）用料大众化，以米面为主，搭配得当。以成都小吃为特色。

（2）精工细作，雅致实惠。注重口味，讲究麻辣鲜香。

（3）川式面点的代表品种有担担面、赖汤圆、龙抄手、钟水饺、豆花儿、牛肉焦饼、蛋烘糕等。

川式面点

五、地域特色面点

（一）地域特色面点概述

中国的面点及风味小吃带有浓郁的地域特色，中式面点是中国烹饪的重要组成部分，它以悠久的历史、多彩的风格，广泛地反映了中华民族饮食文化的特色。

（二）地域特色面点品种介绍

❶ 北京风味

（1）都一处烧卖："都一处"是北京具有280多年历史的老店，以经营三鲜烧卖著称。它因乾隆皇帝赐名而出名。

（2）艾窝窝：艾窝窝是一种传统的北京风味小吃，历史悠久。元朝称其为"不落夹"，清朝开始称其为"艾窝窝"。北京流传着"白黏江米入蒸锅，什锦馅儿粉面搓，浑似汤圆不待煮，清真唤作艾窝窝"的诗句。艾窝窝属夏季凉食之一，形状如球，色白似雪。

（3）小窝头：小窝头本是民间一种极平常的小食品，因慈禧爱吃这种小点心而出名。

（4）豆面糕：豆面糕又称"驴打滚"，是北京传统风味小吃之一，是以江米面、豆馅、黄豆面、白糖为原料制成。

（5）豌豆黄：豌豆黄原为北京著名的宫廷风味小吃，清朝乾隆年间传入民间。北京有农历三月初三"居民多食豌豆黄"的习俗。现在北京仿膳饭庄制作的豌豆黄较为有名。

❷ 天津风味

（1）狗不理包子：狗不理包子是天津名点，已有100多年的历史。据传清朝末年，天津人高贵友开设包子铺，其独特风味的包子与其乳名"狗不理"一起流传下来。

（2）桂发祥什锦麻花：桂发祥什锦麻花是一道天津美食，因店铺原设在东楼十八街，又称"十八街麻花"，其特点是香甜酥脆、久存不绵。

（3）耳朵眼炸糕：耳朵眼炸糕有100多年历史，以创制店所在街巷"耳朵眼胡同"而得名，与狗不理包子、十八街麻花一起被天津人称为"风味三宝"。

❸ 山东风味

（1）山东煎饼：山东煎饼品种繁多，历史悠久，是鲁中、鲁西地区的主要大众食品，有小米煎饼、菜煎饼等。

（2）高庄馒头：高庄馒头又名"呛面馍馍"，因外形比一般馒头高而得名，是山东临沂地区的传统名食。

❹ 山西风味

（1）刀削面：山西人特别擅长制作面食。刀削面是山西著名的面食，因直接用刀削面片入锅而得名。

（2）拨鱼儿：拨鱼儿是山西晋中著名传统风味小吃，又名"剔尖"，是用一根特制的竹筷将面块拨成小鱼状，入锅煮熟，因而得名。它与刀削面、刀拨面、拉面并称为山西"四大名面"。

❺ 陕西风味

（1）臊子面：臊子面是秦川风味面点之一。以精制面条浇上猪肉、多种菜蔬和调料制成，鲜香可口。据记载，臊子面是从唐代的长寿面演变而来，因此吃臊子面有取"福寿延年"之意。

（2）太后饼：太后饼是陕西富平县的风味小吃，已有2000多年历史。相传太后饼创制于汉代，由汉文帝的御厨始创，太后喜食，故而得名。太后饼是一种用面粉和猪板油精制成的烤饼。

（3）牛羊肉泡馍：牛羊肉泡馍是陕西著名的风味小吃。由战国时的羊羹演变而成，将牛羊肉与饼合煮，食用时佐以蒜、酱等。

（4）石子馍：石子馍是陕西历史悠久的传统风味小吃。具有新石器时代"石烹法"的遗风，是用面粉做成饼放在烧热的小卵石上焙制而成。

❻ 江苏风味

（1）蟹黄汤包：蟹黄汤包是镇江扬州地区的名点，是以蟹黄、蟹肉、猪肉等为馅料制成的汤包。

（2）黄桥烧饼：黄桥烧饼是源于古代的胡麻饼。首创于泰兴市黄桥镇，因黄桥战役中百姓用此烧饼慰劳新四军而名声大振。

（3）淮安茶馓：淮安茶馓是江苏淮安地区的特产，在清代曾列为贡品，因其形状像梳子、菊花、宝塔等，细如麻线，当地统称"馓子"，又名"油面"。

（4）苏州糕团：苏州糕团是一种苏州著名小吃，历史悠久，品种繁多。因苏州糕团与春秋战国时爱国忧民的伍子胥有关，故苏州人吃糕团含怀念伍子胥之意。

❼ 上海风味

（1）南翔小笼馒头：南翔小笼馒头原是上海嘉定南翔镇著名的传统面点，后传入上海市区城隍庙，南翔小笼馒头皮薄馅鲜，被誉为上海"小吃之最"。

（2）生煎馒头：生煎馒头是上海大众化小吃。

（3）鸽蛋圆子：鸽蛋圆子以形取名，为城隍庙夏季传统美味小吃之一。

❽ 浙江风味

（1）宁波汤圆：宁波汤圆是宁波著名小吃之一，品种繁多，爽滑软糯，风味独特。

（2）金华酥饼：金华酥饼是金华传统小吃，又称为"干菜酥饼"，明朝已闻名。其特点是松酥脆香、久藏不变质。

（3）嘉兴鲜肉粽：嘉兴鲜肉粽以嘉兴昌记五芳斋的粽子名气最大。

（4）猫耳朵：猫耳朵又称"麦疙瘩"，源出于清宫的御膳房，风味别致，是杭州有名的风味小吃。

（5）莲芳千张包子：莲芳千张包子是浙江湖州著名风味小吃，因其用千张包上馅料煮制而得名。据传清朝光绪年间，湖州人丁莲芳首创在粉丝汤中配上千张包子，并以自己的名字作为招牌。

❾ 广东风味

（1）广东虾饺：广东虾饺是广东著名风味小吃，以广东澄粉作皮，外形小巧玲珑，皮薄且洁白透明，是广州各大茶楼名点。

（2）娥姐粉果：娥姐粉果是广州著名的传统小吃，形如橄榄核，用猪肉、蟹黄、冬笋等做馅，色美味鲜甜。因最早创制此品者叫娥姐，故得名。

（3）马蹄糕：马蹄糕是广州夏令名食之一，以马蹄粉和糖为原料，清甜爽滑，是广东人酒宴中不可缺少的甜点之一。

（4）肠粉：肠粉是广州传统大众化小吃，最早兴起于20世纪20年代，初时都是些肩挑小贩经营。肠粉是用米糊蒸熟后以咸或甜酱佐食，肠粉粉质细腻、软滑爽润、鲜美可口，因形似猪肠而得名。

❿ 福建风味

（1）蚝仔煎：蚝仔煎是厦门传统风味小吃，原料为鲜蛇肉、地瓜粉等。其特点是味道鲜美、营养丰富、经济实惠。

（2）厦门炒面线：厦门炒面线面线是福建名食，厦门炒面线更是厦门有特色的传统食品。

（3）土笋冻：土笋冻是福建历史悠久的风味小吃，是将海滩上盛产的土笋（形似蚯蚓）洗净熬煮后冷却而成，以厦门土笋冻最具特色。

⓫ 四川风味

（1）担担面：担担面是四川民间小吃，特点是少而精，因经营者多挑担贩卖而得"担担"之名。

（2）钟水饺：钟水饺是成都著名小吃，此水饺皮薄馅多、鲜嫩、香辣突出、有浓厚的川味特色。

（3）抄手：抄手即馄饨，配料多，汤鲜美，为四川民间传统美味面点之一。

⓬ 湖北风味

（1）热干面：热干面是武汉著名的面食，是将煮过的面条过油烘干，再烫热加上多种作料而成。热干面光滑油润，香浓爽中，味道鲜美。

（2）武汉汤包：武汉汤包皮薄如灯笼，馅嫩、汤汁鲜醇，味美爽口，风味独特。

（3）武汉三鲜豆皮：武汉三鲜豆皮是武汉市名点之一，以老通城餐馆的产品为最好，因其制作精巧、色艳皮薄、馅心鲜香、油而不腻，享有"豆皮大王"的美称。

⑬ **湖南风味**

冰糖湘白莲：莲子是湖南洞庭湖区的特产,以白莲最好,又称"贡莲"。此小吃肉质粉嫩,清香味美,补脾、养心、固精。

⑭ **云南风味**

过桥米线是云南传统特色风味小吃。其色泽美观,味道鲜美,营养丰富,物美价廉。

⑮ **贵州风味**

肠旺面是贵州著名风味小吃,是用鸡蛋面、猪大肠、猪血旺、肠油等烹制而成,猪血嫩滑,猪肠脆嫩,汤鲜味美。

⑯ **甘肃风味**

兰州牛肉面又称兰州清汤牛肉拉面,是"中国十大面条"之一,是甘肃省兰州市的一种风味美食。兰州牛肉面以"汤镜者清,肉烂者香,面细者精"的独特风味和"一清""二白""三红""四绿""五黄"(一清(汤清)、二白(萝卜白)、三红(辣椒油红)、四绿(香菜、蒜苗绿)、五黄(面条黄亮))赢得了国内乃至全世界顾客的好评。并被中国烹饪协会评为三大中式快餐之一,得到"中华第一面"美誉。

⑰ **西藏风味**

(1)酥油茶:酥油茶是藏族人民的传统饮品,香美可口,营养丰富,有提神滋补的功能。

(2)糌粑:糌粑是藏族人民的一种特色小吃,也是藏族人民传统主食之一。"糌粑"是"炒面"的藏语译音,在藏族人家做客,主人一定会将喷香的奶茶和糌粑、金黄的酥油和奶黄的"曲拉"(干酪素)、糖叠叠层层摆满桌。糌粑是将青稞洗净、晾干、炒熟后磨成面粉,食用时用少量的酥油茶、奶渣、糖等搅拌均匀,用手捏成团即可。它不仅营养丰富、热量高,很适合充饥御寒,还便于携带和储藏。

⑱ **新疆风味**

(1)烤羊肉串:烤羊肉串是新疆传统名食,发源于新疆和田、喀什,民间原称"啖炙"。烤羊肉串肉红润,味香嫩带微辣。

(2)馕:馕是新疆人民日常生活的主食,是以面粉发酵后,在馕坑中烤熟而成的圆饼,食法多样,久贮不坏,便于携带。它既是新疆人民喜欢的食品,也是一种礼品。

▶ **模块小结**

通过本模块的学习,学生要了解中式面点的主要风味流派的形成条件、形成过程风味特色、代表品种,更好地为学生在面点技能学习过程中提供理论指导。让学生体会到中式面点技艺和文化的博大精深。

面点小史话

理论、技能
知识点
评价表

模块九

中式面点制作操作安全与卫生

常用设备操作安全知识

本模块课件

项目描述

中式面点制作工艺是一项较为复杂的食品加工工艺过程,必须熟悉和掌握各种常用设备的操作安全知识,才能制作出符合要求的面食点心。在学习中式面点的过程中或在实际工作中,会使用一系列的设备,比如蒸箱、烤箱、醒发箱等。中式面点师应了解这些设备是干什么用的以及什么设备适合做什么东西(如不同材质的案台就适合做不同的面坯)。本项目要求学生了解中式面点制作中常用设备的操作安全知识,熟练掌握设备的使用方法和保养方法。

项目目标

1. 学习掌握各种设备的用途和使用方法。
2. 了解各种设备的操作安全和保养维护。

一、加热设备

(一)蒸汽加热设备

蒸汽加热设备是目前广泛使用的加热设备。一般分为蒸箱和蒸汽压力锅两种。

❶ **蒸箱**　蒸箱是利用蒸汽传导热能将食品直接蒸熟的一种设备,与传统煤火蒸笼加热方式相比,具有操作方便、使用安全、劳动强度低、清洁卫生、热效率高等优点。

蒸箱的使用方法:将生坯等原料摆屉后推入箱内,将门关闭,拧紧安全阀后,打开蒸汽阀,根据熟制原料及成品质量的要求,通过蒸汽阀门调节蒸汽的大小,制品成熟后,先关闭蒸汽阀门,待箱内外压力一致时,打开箱门取出蒸屉。蒸箱使用后,要将箱内外清洗干净。

❷ **蒸汽压力锅**　蒸汽压力锅又称蒸汽夹层锅,是热蒸汽通入锅的夹层与锅内的水交换热能,使水沸腾,从而达到加热食品的目的。它克服了明火加热易改变食品色泽和风味,甚至发生焦化的缺点,在面点工艺中,可用来做糖浆、浓缩果酱及炒制豆沙馅、莲蓉馅和枣泥馅。

蒸汽压力锅的使用方法:先将锅内倒入适量的水,将蒸汽阀门打开,待水沸腾后下入原料或生坯加热。蒸气压力锅使用完毕,应先将热蒸汽阀门关闭,按动电钮,将锅体倾斜,取出制品倒出锅内的水和残渣,将锅洗净,复位。

(二)燃烧蒸煮灶

燃烧蒸煮灶即传统明火蒸煮灶,它是利用煤或煤气等能源燃烧产生的热量,将锅内水烧开,利用水的对流、传热作用或蒸汽的作用使制品成熟的设备。燃烧蒸煮灶适合少量制品的加热,平时要定期清洗灶眼,注意灶台卫生。

(三)电加热设备

❶ **电热烤箱**　电热烤箱是目前大部分饭店、餐馆面点厨房必备的一种设备,主要用于烘烤各类

中西糕点,常见的有单门式、双门式、多层式几种。电热烤箱通过定温、控温、定时等按键来控制,温度最高能达到300 ℃。先进的电热烤箱一般都可以控制上下火的温度,以使制品达到应有的质量标准。电热烤箱的使用简便卫生,可同时放置多个烤盘。

电热烤箱的使用方法:首先打开电源开关,根据制品品种要求,调至所需要的温度,当达到规定的温度时,将摆好生坯的烤盘放入炉内,关闭炉门,将定时器调制到所需的烘烤时间,制品成熟后取出,关闭电源。

❷ 微波炉　微波炉是近年来普及较广的一种新型灶具,微波炉的外观与一般电热烤箱相似,但加热原理却与电热烤箱完全不同。

微波是以光速直线传播的,对物体有一定的穿透性。微波对物料的加热是在物料内外同时进行的,而不是像常规热源加热依赖于热传导、辐射、对流三种方式完成。因此,微波加热具有瞬时升温的特点。

(1) 微波炉的使用方法。

①接通电源,选择功能键。接通电源后,根据加热原料的性质、大小及加热目的(成熟、烧烤、解冻等)、加热时间,将各功能键调至所需位置。

②打开炉门,将盛放食物的容器放入炉内。关好炉门,按启动键。

③加热完成后,打开炉门,取出食物,切断电源,用软布将炉内外擦净。

(2) 使用微波炉的注意事项。

①严禁空炉操作。微波炉不用时,应在炉内放一杯水,以避免意外行为造成空炉操作。

②烹调时,被加热物的盛器一定要放入转盘。转盘在烹调时自行转动,可使加热更均匀。

③烹调过程中,可随时打开炉门检查或翻转食物,但须戴上手套,以免烫伤。

④烧烤食物时,食物与烧烤发热管的距离不少于5厘米。

⑤清洁炉体时要先切断电源,待烧烤管冷却后才可擦拭。另外,严禁用工业清洗剂、腐蚀性清洗剂和漂白水清洁炉内外。

(3) 微波烹调的特点。微波烹调与常规烹调有本质的区别,微波烹调有许多独特的优点。

①省时、节能。电磁波使食物内外同时加热,且仅加热食物,不加热器皿和炉子本身,因而热能耗损小,省时、节能。

②安全、卫生。烹调食物时无明火、无烟、无脏物,无中毒的危险,烹调环境安全、卫生、干净。

③解冻迅速。冷冻食品只需较短时间即可解冻,并保持了食物原有的鲜度和营养,还防止了食物在自然解冻中腐败、变质。

④便于造型。因加热时间短,避免了某些化学反应的产生,从而保持了原料的色、香、味,同时加热时不必翻搅,不会使食物变形,保持了食物的原有造型。

⑤保留营养。由于加热时间短,用水少,食物中一些水溶性的、易氧化的和易被热破坏的维生素的保存率极高。

微波烹饪也有一定的局限性,如食物表面的褐变较差,不易产生焦脆的表皮,因而缺乏烘烤制品外焦里嫩的口感。另外,使用微波烹调,由于不能打开炉门操作,不易对食物进行煎、炸、炒等传统的中式烹调操作,因而,用微波炉加工传统中餐时有一定的局限性。

❸ 电磁炉　电磁炉又名电磁灶,是现代厨房革命的产物,它无须明火或传导式加热而让热直接在锅底产生,因此热效率得到了极大的提高。电磁炉是一种高效节能橱具,完全区别于传统所有的有火或无火传导的加热厨具。电磁炉是利用电磁感应加热原理制成的电气烹饪器具。由高频感应加热线圈、高频电力转换装置、控制器及铁磁材料锅底炊具等部分组成。

(1) 电磁炉使用注意事项。

①接通电源之前,应确认电磁炉的开关已关上。

②电磁炉应与气体炉分开放置。

③电磁炉不能靠近水源使用,电磁炉应远离有大量热气、蒸汽、湿气的地方。

④电磁炉在使用时,距离墙壁至少保留 10 厘米空隙,以免阻塞吸气口或排气口。

⑤不宜在电磁炉中使用的器皿为非铁质金属材质的器皿,如陶瓷、玻璃以及以铝、铜为底的器皿,底部形状为凹凸不平的器皿。

(2)电磁炉的清洁方法。

①清洁电磁炉前应先拔下插头,切断电源。

②轻微的污垢用干净的湿布擦拭即可;严重的污垢可用去污粉擦拭后,再用湿布擦干净,严禁使用有机溶剂或苯等化学药品擦拭,以免发生化学变化。

③严禁直接用水冲洗或浸入水中刷洗。

④不用电磁炉时,应切断电源。

⑤保持电磁炉的清洁,避免蟑螂等进入风扇内,影响机件正常工作。

二、机械设备

(一)和面机

和面机又称拌粉机,主要用于拌和各种粉料。和面机利用机械运动将粉料和水或其他配料和成面坯。和面机有铁斗式、滚筒式、缸盆式等。它的工作效率比手工操作高 5～10 倍。和面机主要用于大量面坯的调制,是面点工艺中最常用的设备。

和面机的使用方法:先将粉料和其他辅料倒入面桶内,打开电源开关,启动搅拌器,在搅拌器搅拌粉料的同时加入适量的水,待面坯调制均匀后,关闭开关,将面取出。

(二)绞肉机

绞肉机又称绞馅机,主要用于绞制肉馅。绞肉机有手动、电动两种。绞肉机工作效率高,适用于大量肉馅的绞制。

绞肉机的使用方法:启动开关,用专用的木棒或塑料棒将肉送入机筒内,随绞随放,可根据种要求调换刀具,肉馅绞完后要先关闭电源,再将零件取下清洗。

(三)打蛋机

打蛋机又称搅拌机,主要用于搅蛋液。打蛋机是利用搅拌器的机械运动将蛋液打起泡,兼用于和面、搅拌馅料等,其用途较为广泛。

打蛋机的使用方法:将蛋液倒入蛋桶内,加入其他辅料,将蛋桶固定在打蛋机上,启动开关,搅匀后,将蛋桶取下,将蛋液倒入其他容器内。使用后要将蛋桶、搅拌器等部件清洗干净,存放于固定处。

三、普通设备

(一)案台

案台是面点制作工艺中必备的设备,它的使用和保养直接关系到面点制作工艺能否顺利进行。案台一般分木质案台、大理石案和不锈钢案台 3 种。

❶ **木质案台** 木质案台的台面大多用厚 6 厘米以上的木板制成,底架一般有铁制和木制等几种。台面的材料以枣木为最好,其次为柳木。木质案台要求结实、牢固、平稳,表面平整、光滑、无缝。

在面点制作过程中,绝大部分操作是在木质案台上进行的,在使用时,要注意尽量避免台面与坚硬工具的碰撞,切忌将案台当砧板使用,忌在案台上用刀切、剁原料。

❷ **大理石案台** 大理石案台的台面一般是用厚 4 厘米左右的大理石制成。由于大理石台面较重,因此其底架要求特别结实、稳固、承重能力强。

大理石案台多用于较为特殊的面点品种的制作(如面坯易迅速变软的品种),它比木质案台平整、光滑、凉爽。一些油性较大的面坯、需要迅速降温的面坯适合在此类案台上进行操作。

❸ **不锈钢案台**　不锈钢案台整体一般都是由不锈钢材料制成。表面不锈钢板材的厚度一般为0.8～1.2毫米。台面要求平整、光滑，没有凸凹。

（二）储物设备

❶ **储物柜**　储物柜多由不锈钢材料制成（也有木质材料制成），用于盛放大米、面粉等粮食。

❷ **盆**　一般有木盆、瓦盆、铝盆、搪瓷盆、不锈钢盆等，直径30～80厘米，有多种规格，用于和面、发面、调馅、盛物等。

❸ **桶**　一般有铝桶、搪瓷桶和不锈钢桶，主要用于盛放粮食、白糖、大油等原料。

→ 项目小结

中式面点制作常用的设备种类较多，使用方法不同，学生需要熟练掌握各种设备的安全使用和维护，才能制作出符合要求的成品。

理论、技能
知识点
评价表

中式面点制作卫生知识

项目描述

　　中式面点师必须熟悉和掌握各种制作过程中的相关卫生知识,熟悉制作中的卫生整理、个人着装和食品卫生等方面的知识,制作出符合要求的面食点心。在学习中式面点的过程中或在实际工作中,要求学生从理论和实践两方面了解中式面点制作的卫生知识。

项目目标

　　1. 学习面点师个人卫生要求、面点制作环境卫生要求。
　　2. 掌握食品卫生管理制度和食品卫生法的内容。

一、操作间卫生整理

（一）面点操作间的基本环境卫生要求

（1）操作间干净、明亮,空气畅通,无异味。

（2）全部物品摆放整齐。

（3）机械设备（如和面机、轧面机、绞馅机等）、工作台（如案台、墩子）、工具（如面杖、刀剪、箩、秤等）、容器（如缸、盆、罐等）做到"木见本色,铁见光",保证没有污物。

（4）地面保证每班次清洁一次。灶具每日打扫一次。

（5）屉布、带手布要保证每班次严格清洗一次,并晾干。

（6）冰箱内外要保持清洁、无异味,物品摆放有条理、有次序。

（7）严禁在操作时吸烟,操作间内不得存放私人物品。

（二）工作台的清洗方法

（1）先将案台上的面粉用扫帚清扫干净,并将面粉过箩倒回面桶。

（2）用刮刀将案台上的面污、黏着物刮下,扫净。

（3）用带手布或板刷带水将案台上的黏附物清洗干净,同时将污水、污物抹入水盆中。注意,绝不能使污水流到地面上。

（4）最后再用干净的带手布将案台擦拭干净。

（三）地面的清洁方法

（1）先将地面扫净,倒掉垃圾。

（2）将墩布浸湿后,拧去墩布表面的水分,按次序、有规律地擦拭地面。

（3）擦拭地面时,要注意擦拭案台、机械设备、物品柜的下面部分,不留死角。

（4）擦拭地面应采用"倒退法",以免踩脏刚刚擦拭的地面。

（5）地面上的明沟最后清洁,做到无异物、无异味。

（四）带手布的清洁方法

（1）带手布要随时清洗，不能一布多用，以免交叉感染。

（2）先用洗涤剂洗净带手布，放入开水中煮 10 分钟（如油污较多，可在水中放适当碱面）。

（3）再将带手布放入清水中清洗干净。

（4）将洗干净的带手布拧干水分，晾晒于通风处。

二、面点操作间的卫生制度

（1）面点操作间员工必须持有健康证、卫生培训合格证。

（2）面点操作间员工必须严格执行《中华人民共和国食品安全法》中有关规定，把好卫生关。

（3）面点操作间员工必须讲究个人卫生，达到着装标准，工服清洁，不允许着工服去与生产经营无关的岗位。

（4）原料使用必须符合有效期内的规定，散装原料要符合国家卫生标准和质量要求，不准使用霉变和不清洁的原料。

（5）面点操作间食品存放必须做到生熟分开，成品与半成品分开，并保持容器的清洁卫生。

（6）随时注意案台、地面及室内各种设备用具的清洁卫生。保持良好的工作环境。

（7）每天按卫生分工区域做好班后清洁工作。操作工具、容器、机械必须做到干净、整洁，接触成品的用具、容器以及屉布、带手布等要清洗干净。

三、个人着装

（1）干净、整齐，工作服穿戴整洁，不露头发，系好风纪扣。不留胡须，不留长指甲，不涂指甲油及其他化妆品。

（2）个人卫生做到"四勤"：勤洗手剪指甲、勤洗澡理发、勤洗衣服被褥、勤换工作服。

（3）严禁一切人员在操作间内吃食物、吸烟、随地吐痰、乱扔废弃物。

（4）工作时不戴戒指、珠宝等饰物，不把私人物品带入操作场所。

项目小结

理论、技能
知识点
评价表

中式面点操作中需要掌握的卫生知识较多，学生需要熟练掌握各种卫生要求知识，遵守食品卫生的要求，才能制作出符合要求的成品。

主要参考文献

[1]　刘耀华.面点制作工艺[M].北京:中国商业出版社,1993.

[2]　徐海荣.中国饮食史[M].杭州:杭州出版社,2014.

[3]　乔淑英.中国饮食文化概论[M].北京:北京理工大学出版社,2011.

[4]　赵建民,梁慧.中国烹饪概论[M].北京:中国轻工业出版社,2014.

[5]　张丽.中式面点[M].北京:科学出版社,2012.

[6]　林小岗,唐美雯.中式面点技艺[M].2版.北京:高等教育出版社,2010.